Premiere Pro /
Final Cut Pro /
DaVinci Resolve

视频剪辑纵横

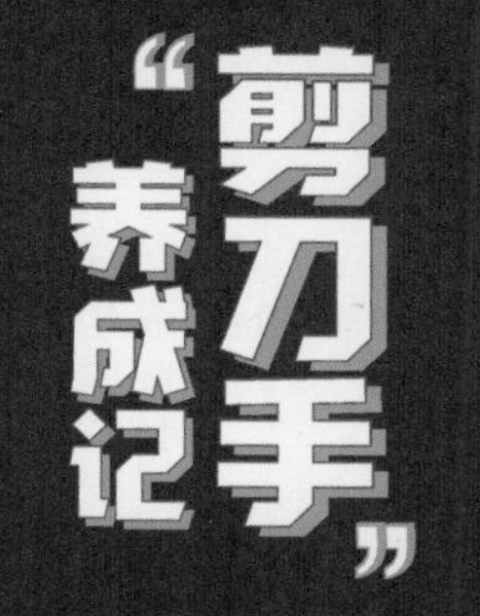

王磊 著

人民邮电出版社
北京

图书在版编目（CIP）数据

“剪刀手”养成记 : Premiere Pro/Final Cut Pro/DaVinci Resolve 视频剪辑纵横 / 王磊著. -- 北京 : 人民邮电出版社, 2020.2（2022.6重印）
ISBN 978-7-115-52123-1

Ⅰ. ①剪… Ⅱ. ①王… Ⅲ. ①视频编辑软件 Ⅳ. ①TN94

中国版本图书馆CIP数据核字(2019)第230665号

内 容 提 要

本书以视频制作软件的学习为主线，从基本操作流程开始，创造性地将 Premiere Pro、Final Cut Pro 和 DaVinci Resolve 三款主流专业视频剪辑软件作横向对比讲解，重点介绍了视频制作的思路、方法和技巧，融入了作者多年的实践操作经验，力求让读者能够快速将所思所学运用到实际操作中，具备一定的实操能力。

本书语言通俗易懂，并配以大量图示，内容难度通过色块分级，特别适合初级影视制作爱好者阅读，有一定视频剪辑经验的读者也可以从本书中得到启发。

◆ 著　　　　王　磊
责任编辑　刘晓飞
责任印制　马振武
◆ 人民邮电出版社出版发行　　北京市丰台区成寿寺路 11 号
邮编　100164　　电子邮件　315@ptpress.com.cn
网址　https://www.ptpress.com.cn
涿州市京南印刷厂印刷
◆ 开本：787×1092　1/16
印张：13.25　　　　2020 年 2 月第 1 版
字数：278 千字　　　　2022 年 6 月河北第 5 次印刷

定价：69.00 元

读者服务热线：(010)81055410　印装质量热线：(010)81055316
反盗版热线：(010)81055315
广告经营许可证：京东市监广登字 20170147 号

前言

我是一名“剪刀手”，但我不叫爱德华。可能一提到“剪刀手”，大家第一反应会是电影《剪刀手爱德华》，但本书所说的“剪刀手”是指从事视频剪辑工作的人。在胶片时代，为了实现影片的剪接，真的需要用剪刀将胶片剪开。当然，进入数码时代，已经不再需要真的剪刀了，但是在视频制作软件中，同样会有将视频片段裁剪并拼接的操作，所以视频剪辑这个说法就一直留传下来。

说完“剪刀手”，再来谈谈“养成记”。这里的“养成”并不是说在学完本书后，就能成为专业剪辑人员（除非希望走职业化道路，继续深入学习），而是更倾向于能力养成、习惯养成，让读者不再简单停留在加个滤镜、插段音乐的初级阶段，而是进入一个可以发挥更大想象力的空间。

也许有人会问，我又不从事电影行业，成为“剪刀手”有什么用？其实，视频剪辑已逐渐成为信息时代一项基本的操作技能，特别是随着网速的不断提升，视频行业正呈现出井喷发展之势，如果只停留在划动看看小视频的阶段，那可能真的有点out了。

完成本书的一个重要原因是笔者身边的不少朋友对于视频剪辑的询问越来越多。他们中有的人投身到创业的蓝海，经营了面包房、开办了培训学校，为做宣传经常需要制作短片，而聘请专业团队又价格昂贵；有不少摄影发烧友，购置了很多价格不菲的装备，拍摄了很多高质量视频，但由于对后期制作软件不熟悉，只能让视频躺在硬盘里睡觉；还有一些应届毕业生，对视频制作有浓厚兴趣，想从事这方面的工作或多学一门技能。以上都是撰写本书想帮助的人和想解决的问题。

加入进来吧，这里会为你开启一扇精彩世界的大门。

内容安排

本书以视频剪辑的原理、方法和技巧为主线，首先介绍了主流视频拍摄设备的操作方法，然后介绍了视频剪辑软件一般操作流程，介绍了Premiere Pro、Final Cut Pro和DaVinci Resolve三款软件的界面布局、媒体导入、影片剪辑、特效制作和视频导出等，通过对比分析、实例讲解、技巧放送等形式，深入介绍每个环节的流程步骤，并结合视频发展趋势，介绍了4K视频的制作流程。最后结合多年工作经验，展示了三个不同类型案例的剪辑制作实战。

内容特点

- **创新的学习模式**

本书创立了视频剪辑软件“一横一纵”的学习模式。“一横”指的是对Premiere Pro、Final Cut

Pro和DaVinci Resolve三款软件横向对比学习，有助于读者融会贯通；“一纵”指的是把视频剪辑制作流程分成纵向五个步骤，逐步推进，直到最终输出满意作品。

- **多元的软件平台**

为适应不同读者需要，本书中既介绍Windows系统平台软件，也介绍Mac系统平台软件，还有较为专业的视频调色平台软件，总有一款可以满足读者所需，同时也能为读者开拓视野，为日后的深入学习抛砖引玉。

- **丰富的学习内容**

本书不仅介绍了硬件拍摄设备如摄像机、单反、GoPro、无人机、手机等的设置方法，还介绍了剪辑软件的基本理论、操作方法、使用技巧，并结合作者多年从业经验，分享了工作心得和常见问题解方案。

- **轻松的学习过程**

本书采用了较为轻松的语言，尽量避免使用专业性较强的词汇和术语，力求做到通俗易懂。所讲解操作步骤均配有实例和图片，读者不必对着电脑操作，可以仅当作休闲图书，充分利用碎片化时间学习。鼓励在全书读完后再进行操作，忘记的可以翻书查看。

- **清晰的难度分级**

本书按照绿■、蓝■、黄■、橙■、红■五个等级区分难度。绿色、蓝色为基础知识，需要熟练掌握；黄色、橙色为进阶知识，需要了解；红色为专业知识，用来开拓思路。

本书读者对象

本书内容丰富，面向普通白领、影视爱好者和在校学生等读者群体，是学习视频剪辑软件的入门优选。无论是制作者快速学习，爱好者自学研究，还是具有一定经验的人士拓宽思路、提高效率，均能有较大帮助。特别是对准备踏入视频剪辑领域的学生和从业人员来说，能够有更加全面的认识和思考，对未来的职业规划奠定基础。

附赠配书资源

为配合本书的学习内容，精心制作了学习素材、实例文件和教学视频。

学习素材包括高清（HD）、4K两种不同分辨率和每秒25帧、50帧、100帧三种不同帧速率的20个视频片段，便于读者在学习软件时比较尝试。

学习素材文件命名是按照“分辨率+帧速率+序号”的形式，并在视频片段上专门添加了显示分辨率和帧速率的标识，避免制作时混淆。以下为部分视频片段示例。

HD25_2

HD25_4

HD50_1

HD100_2

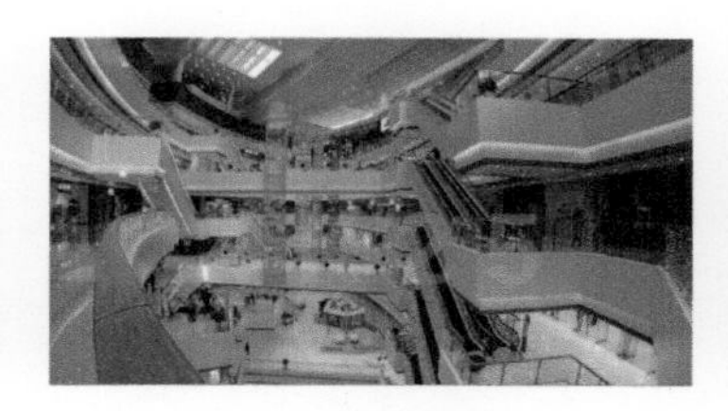
4K25_2

4K50_6

学习素材由无人机、GoPro、单反等多种设备拍摄，涉及高山、大海、黄河、长城和校园、建筑、商场等自然和人文风光，其中HD50_1、HD100_1、4K25_1、4K100_1为同一场景，使用不同分辨率和帧速率拍摄，方便对比学习。

实例文件配合知识点讲解，由三款软件制作完成，读者可以参考学习。使用时不必纠结于个别参数，重要的是原理和方法，只要达到预期目的即可。

教学视频分别使用Premiere Pro CC 2019、Final Cut Pro 10.4和DaVinci Resolve 15三款软件制作完成，边制作边讲解，涵盖书中各知识点和制作技巧，可以使读者更为直观地学习掌握。

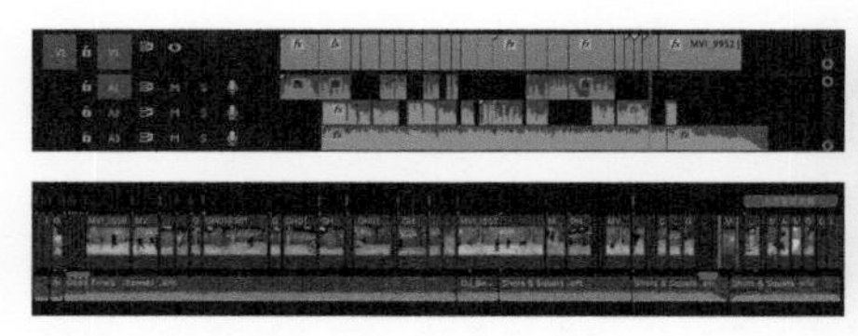

书中难免有不足和疏漏之处，希望广大读者朋友批评指正。

资源与支持

本书由数艺社出品，“数艺社”社区平台（www.shuyishe.com）为您提供后续服务。

配套资源

学习素材

实例文件

在线教学视频

资源获取请扫码

“数艺社”社区平台，为艺术设计从业者提供专业的教育产品。

与我们联系

我们的联系邮箱是szys@ptpress.com.cn。如果您对本书有任何疑问或建议，请您发邮件给我们，并请在邮件标题中注明本书书名及ISBN，以便我们更高效地做出反馈。

如果您有兴趣出版图书、录制教学课程，或者参与技术审校等工作，可以发邮件给我们；有意出版图书的作者也可以到“数艺社”社区平台在线投稿（直接访问 www.shuyishe.com 即可）。如果学校、培训机构或企业想批量购买本书或数艺社出版的其他图书，也可以发邮件联系我们。

如果您在网上发现针对数艺社出品图书的各种形式的盗版行为，包括对图书全部或部分内容的非授权传播，请您将怀疑有侵权行为的链接通过邮件发给我们。您的这一举动是对作者权益的保护，也是我们持续为您提供有价值的内容的动力之源。

关于数艺社

人民邮电出版社有限公司旗下品牌“数艺社”，专注于专业艺术设计类图书出版，为艺术设计从业者提供专业的图书、U书、课程等教育产品。出版领域涉及平面、三维、影视、摄影与后期等数字艺术门类，字体设计、品牌设计、色彩设计等设计理论与应用门类，UI设计、电商设计、新媒体设计、游戏设计、交互设计、原型设计等互联网设计门类，环艺设计手绘、插画设计手绘、工业设计手绘等设计手绘门类。更多服务请访问“数艺社”社区平台www.shuyishe.com。我们将提供及时、准确、专业的学习服务。

目录

第1章

“剪刀手”热热身——前期准备

第2章

“剪刀手”领进门——熟悉软件

第3章

“剪刀手”初尝试——媒体导入

第 4 章

“剪刀手”走上台——影片剪辑

第 5 章

“剪刀手”来想象——转场、效果、调色、文字

第 6 章

“剪刀手”跨出门——视频导出

第 7 章

“剪刀手”向未来——超高清视频剪辑

第 8 章

“剪刀手”初长成——项目实例

08

这是在河北张家口的八角台拍摄的一张照片。我们在学习之初肯定会带着一份雄心，带着一种信仰，一定要把这种精气神坚持下去，相信自己必有所成。

第1章

“剪刀手”热热身——前期准备

01

本章将会学到视频的相关术语，以及主要拍摄设备、拍摄技巧、剪辑流程等基础知识，为视频剪辑打好基础。

随着科技快速发展，各类摄录设备如雨后春笋般层出不穷。在硬件方面，家用摄像机、无人机、GoPro，特别是高性能手机，一年甚至半年就进行更换，4K摄录几乎成为标配，8K电视、激光投影电视已占据商场显著位置；在通信方面，百兆网络正全面普及，4G移动通信开通不限量套餐，5G移动通信已经正式试运行，为视频传输构建了高速公路；在内容方面，广播电视4K频道开通，网络电视盒子走进千家万户，各大收费视频网站激烈竞争，各种手机视频App快速更新。视频正呈火山爆发之势，迅速蔓延，势不可当。亲爱的读者朋友，在这样的大时代下，难道我们还仅仅满足于做一个时代的旁观者吗？

1.1 用到的名词术语

名词术语如果讲得过深、过于专业化，可能解释一个术语的同时，又会引出新的术语，容易使读者陷入其中，一环套一环，晕头转向。如果讲得过多，就会像飞机轰炸，开篇就要把人吓走。本书主要面向入门读者，而且更注重操作使用，对于名词术语只需要读者理解意思即可，毕竟做出好作品才是硬道理。在日常工作中，有两个名词普遍见得比较多，而且和视频制作关系最为紧密，下面进行简要介绍，一个是分辨率，另一个是帧速率。

1.1.1 分辨率

如果查询定义解释，会引出解析度、解像度、像素密度等一系列名词，千万不要深究下去。其实简单理解，分辨率就是画面的精细程度，分辨率越高，画面的精细程度越高，直观感受就是"真清晰啊"。比如说同样看一个人，标清可能看到的是面部轮廓，高清看到的是面部表情，4K看到的就是脸部汗毛和青春痘。又比如说家里墙上挂着一个12寸[①]大小的相框，如果把同样大小的12寸全家福照片放在里面就很清晰，但如果非要把6寸照片扩大到12寸相框里面，自然就会变得模糊。

4K分辨率通常为4096×2160，2K分辨率通常为2560×1440，1080p高清分辨率通常为1920×1080。为什么说"通常"，因为4K分辨率并不是仅限于这一种，比如本书配套学习素材中的4K视频素材使用的是3840×2160的分辨率，也可以称之为4K。图 1-1所示为不同分辨率画面大小比例示意图。

①习惯用法，实际为英寸，1英寸≈2.54厘米。

图1-1

1.1.2 帧速率

帧速率（FPS）简单理解就是每秒呈现的画面数。其实视频可以理解成一组照片按照一定速度连续播放，如图 1-2所示。每秒呈现的画面越多，视频越流畅。就好比是做广播体操，大家都是1、2、3、4、5、6、7、8，动作自然流畅，如果你非要偷懒，只做了1、3、5、7，画面自然会产生跳跃，有点像机器人的动作。

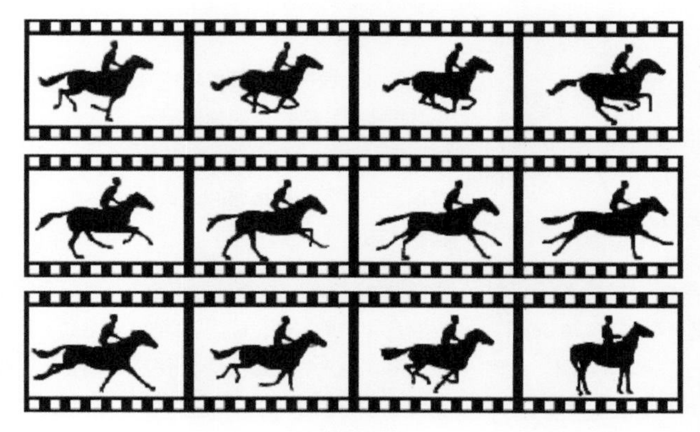

图1-2

国内广播电视使用PAL制式，每秒25帧；电影通常为每秒24帧；电脑上播放借助于强大的播放软件，各种帧速率都可以适应。当前消费市场上的摄像设备可以拍摄每秒50帧、100帧甚至200帧的视频，虽然说越高越流畅，但是对摄录设备处理速度和存储空间的要求也越高。正常拍摄每秒25帧或50帧就可以了，如果是运动镜头或是后期准备制作慢动作的镜头，可以把帧速率设置高一些，避免制作后出现跳跃和卡顿，具体操作会在后续章节中进行详细介绍。

后续内容中如果再出现名词术语，那就哪里需要讲哪里吧。

1.2 主要拍摄设备

视频拍摄设备种类很多，电影和广播电视级别的拍摄设备非常专业，其价格昂贵，自成一个体系，普通消费者无法涉足，也没有必要涉足其中。消费级拍摄设备已然非常丰富，满足一般电视、网络视频的制作绰绰有余。这里说点题外话，有时看到网络上总有一些人用手机拍摄的照片跟单反拍摄的照片一较高下，但在视频领域千万别拿着手机和专业摄像机去较量，原因只要去过电影院的都应该明白，大家领域不同，各自为战。在消费级市场，主要拍摄设备包括家用摄像机、单反相机、运动摄像机、无人机、手机等，每一种摄录设备都有擅长的领域和不足之处，结合日常工作生活，简要总结如表 1-1所示。

表 1-1

设 备	优 点	不 足	常用场景
家用摄像机	更接近专业摄像机的拍摄效果，通常自带防抖，大变焦，长续航；部分设备自带编辑功能，可在摄像机上完成简单的编辑操作，直接出片	相对专业设备，感光元件面积较小，光线不足的情况下视频质量有所下降，当然也有大面积感光元件的，但是经费投入相对较高，通常也无法更换镜头	有小孩的家庭随时记录小孩的成长，特别是小孩表演节目时，大变焦可以直接推进，拍到舞台特写，防抖效果也较好，便于后期制作，长续航可避免错失关键镜头
单反相机	结合照片拍摄，减少设备携带，视频质量高，还可以更换镜头，以及拍摄各种景别效果，遇到优美风景时便于抢抓时机	投入较高，通常全画幅单反或微单才配置 4K 摄录；视频拍摄不够灵活，画面容易抖动，通常需要配合三脚架，拍摄时间过长时容易发热	出门旅行时经常使用，减少设备携带；制作微电影时，通过更换不同镜头，达到不同景别的摄影效果；婚礼现场也有使用
运动摄像机	对于运动影像记录绝对无可挑剔，大广角、高帧率、小体积，附带各种固定装置等配件，随时记录珍贵时刻	受自身体积限制，续航能力较差，为满足大广角拍摄，画面可能有所变形，在光线不足的情况下视频质量有所下降	当然是各类运动场景，特别是极限运动，效果非常震撼；利用其大广角特性，在一些狭小空间里拍摄也非常合适，比如生日聚会等
无人机	当然是航拍，可以展现一个前所未有的全新视角	找到绝美风景并完成一次拍摄并不容易；拍摄人物近景时，强风和噪音很难让被摄者保持优雅姿态	海边、高山、高大建筑等各类风景，婚礼车队，企业宣传等各类拍摄
手 机	随时随地拍摄，不错过任何珍贵镜头，可以近距离面对拍摄对象，以各种角度拍摄，操作简单，制作方便	受自身硬件限制，感光元件和镜头等能力有限，在光照不足的情况下画面质量有所下降，而且很难实现平滑清晰的变焦效果	各种工作生活场景，特别是近年来的网络直播和小视频录制

1.2.1 家用摄像机

这里所说的家用摄像机，区别于电影和广播电视使用的专业摄像机，主要面向消费级市场，以索尼和松下的多款设备为代表。这里不是植入广告，只是笔者接触比较多，后面也会介绍很多设备，会尽可能避免谈及品牌，对品牌敏感的读者请见谅。

挑选设备时尽量选用带防抖、大变焦的，感光元件面积也尽量大一些。一定不要看重太多附加功能，很多功能宣传得很好，还会设定很多应用场景，其实真正使用时就是一个简单的摄录，如何把画面拍好，如何完美记录下珍贵画面才是最关键的。感光元件还是最核心的，购置时推荐5000元以上价位的，画质上相对好一些，也不会很快被淘汰。当然并不是说低价位的就一定不行，3000元左右，用作家庭生活记录，小巧方便，也是很不错的选择，而且还可以让小孩直接上手操作，自己记录生活影像，没准能培养出一个大导演呢！

设备操作上就不过多介绍了，通常都配有使用说明，通用操作流程如图 1-3所示。

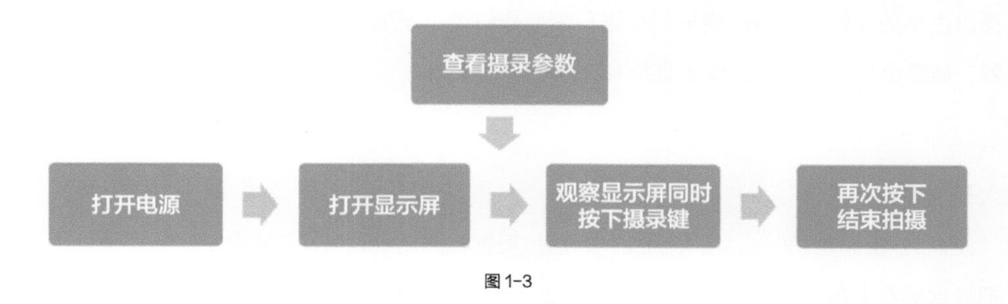

图 1-3

索尼设备的参数选择“MENU” > “画质/尺寸” > “文件格式”更改，几种格式说明如表 1-2所示。

表 1-2

格　式	XAVC S 4K	XAVC S HD	AVCHD
像　素	3840×2160	1920×1080	1920×1080
比特率	60Mbit/s	50Mbit/s	最大 28Mbit/s
特　点	以 4K 录制图像。建议以此格式进行录制，便于后期剪辑	适用于电视、电脑等播放的高清格式	体积较小，更便于存储和传播
说明 比特率：表示在一定时间内所录制数据的大小 XAVC S：是一种录制格式，允许使用 MPEG-4 AVC 或 H.264 对 4K 等高分辨率视频进行高度压缩，并以 MP4 文件格式进行录制			

技巧放送

可以把设置中的"双摄录制"设为"开"，这样就会同时以MP4格式录制动画，便于直接传输到手机并在网络上分享，但同时也会占用部分存储空间。

技巧放送

在拍摄小孩奔跑等画面时，可以把帧速率设置成每秒50帧，这样便于后期制作慢动作特效；但如果录制舞台表演，背景有LED显示屏时，注意把帧速率调整到每秒25帧，并拍摄一小段进行测试，避免由于拍摄帧速率与显示频率不同而导致画面闪烁。

1.2.2 单反相机

这里简单地把单反相机和微单相机等全都放到一起进行介绍，大体可以分为高端的全画幅、中端的非全画幅，以及入门级产品。使用单反相机进行视频拍摄时，通常要在菜单中将分辨率和帧速率设置好，下面以主流的佳能、尼康、索尼相机进行简要介绍（由于型号众多，这里只是以高端的全画幅设备进行讲解，通常也只有全画幅设备才支持4K的分辨率）。

- **佳能相机**

进入相机主菜单。

①"设置3：视频制式">"视频制式"，这里要把视频制式设置成PAL制式。

②把显示屏右上角"实时显示拍摄/短片拍摄"开关置于摄像机图标处，启用短片拍摄。

③"拍摄4：短片记录画质">"MOV/MP4"，这里建议设置成MOV，一方面可以设置更高的帧速率，另一方面便于后期制作。

④"相机4：短片记录画质">"短片记录尺寸"，选择视频分辨率和帧速率，可选4K 25.00P、FHD 50.00P、FHD 25.00P、HD 100P等，当然优先选择画质最好的。

⑤按下拍摄按钮开始录制短片，再按一下结束录制。

- **尼康相机**

进入相机主菜单。

①"动画拍摄菜单">"动画文件类型"，这里建议设置成MOV。

②"动画拍摄菜单">"动画品质"，这里建议设置成HIGH。

③"动画拍摄菜单">"画面品质/帧频"，这里有3840×2160(4KUHD) 25p和1920×1080 50p

等选项。

④将相机右上角即时取景选择器旋转至摄像机图标(动画即时取景)。

⑤按下Lv按钮进行视频录制，再按一下结束录制。

- **索尼相机**

进入相机主菜单。

“MENU按钮” > “拍摄设置” > “记录设置”，选择所需参数。具体与索尼家用摄像机类似，这里就不再赘述了。

技巧放送

使用单反相机拍摄视频时一定要注意，尽量避免相机抖动，可以使用三脚架或放置在固定的位置上进行拍摄。

1.2.3　运动摄像机

GoPro几乎霸占了运动摄像机市场，至少笔者周边朋友用的都是GoPro系列产品。由于更新换代比较快，大家不必每一代都去升级，只要能够满足正常使用就可以；如果条件允许而且使用比较频繁，隔代升级也就足够了；而如果只想体验一下，可以直接购买前一代的产品，性价比较高。

GoPro的使用操作比较简单，这里以GoPro 6 为例进行介绍，主要包括以下几种操作方式（使用不带屏幕GoPro的同学请跳过）。

- **点击**

点击时出现主菜单选项。如果当前是视频拍摄模式，这时屏幕最下方会出现“分辨率”“帧率”“视野”等设置，点击进入，即可设置相关参数。

- **按住**

按住主要是访问曝光控制设置，可以选择自动曝光和锁定曝光。

- **向左轻扫**

向左轻扫主要是访问当前模式的高级设置，包括“快门”“曝光”“白平衡”等主要参数。

- **向右轻扫**

向右轻扫主要是显示已经拍好的视频、照片等。

● 向下轻扫

向下轻扫主要是从主屏幕打开"连接"和"首选项"菜单。如果想把GoPro和手机连接起来，就在这里设置。在其他界面上使用此手势将返回主屏幕。

下面重点介绍一下GoPro的相关视频格式。首先，要在"首选项" > "视频格式"中设置为PAL。GoPro 6各分辨率支持的帧格式如表 1-3所示。

表 1-3

	200 帧	100 帧	50 帧	25 帧	24 帧
4K			✓	✓	✓
4K 4:3				✓	✓
2.7K		✓	✓	✓	✓
2.7K 4:3			✓	✓	✓
1440			✓	✓	✓
1080	✓	✓	✓	✓	✓
720			✓		

各种分辨率适合的拍摄场景如表 1-4所示。

表 1-4

视频分辨率	拍摄场景
4K	拍摄高分辨率视频，并且可以从视频获取 800 万像素静止画面。建议在固定位置拍摄，或搭配云台使用
4K 4:3	使用第一人称视角拍摄高分辨率和清晰度的影像。此格式帧率较高，提供的画幅比 4K 16:9 更高
2.7K	该分辨率视频可带来电影般画质的影像
2.7K 4:3	建议安装在身上或运动设备上拍摄时使用，在这种情况下需要高分辨率和清晰度才能显示流畅的慢动作
1440p	建议安装在身上拍摄时使用。与 1080p 相比，4:3 纵横比可提供更加宽阔的垂直摄录视野。对于高速动作的拍摄，高帧率能够实现流畅且逼真的影像效果。拍摄的影像适合在社交媒体上分享
1080p	非常适合在各种情况下拍摄和在社交媒体上分享。此分辨率支持所有视野，并且它的高 FPS 选项（240 帧 / 秒和 120 帧 / 秒）使得在编辑时可以播放慢动作
720p	适合在手持拍摄及需要拍摄慢动作画面时选用

各视野对应的拍摄场景如表 1-5所示。

表1-5

视 野	拍摄场景
SuperView	SuperView 可提供身临其境般的视野感受，适合将设备安装于身上或装备上拍摄时选用。较为垂直的 4:3 画面比例会自动延展为全屏幕 16:9 的画面比例，从而在电脑或电视上呈现宽屏回放效果
宽（默认）	宽阔的视野适合拍摄动作镜头，能够尽可能多地捕捉画面细节。此视野会呈现鱼眼效果，尤其在场景的边缘附近
线 性	中等视野，可消除宽视野中的鱼眼效果。接近帧边缘的对象可能会产生某种程度的扭曲，因此不适合拍摄对象需要接近帧边缘的镜头。适合航拍或以更传统的视角拍摄影像

各场景对应分辨率、帧速率和视野选择如表 1-6所示。

表1-6

场 景	主要使用
驾 车	• 1080p 50，宽视野 • 2.7K 100，宽视野 • 4K 50，宽视野
家庭生活或旅行	• 1080p 50，宽视野 • 4K 50，宽视野
骑自行车或山地车	• 1080p 50，SuperView 视野 • 1440p 50，宽视野 • 2.7K 50 4:3，宽视野
徒 步	• 1440p 25，宽视野 • 4K 25 4:3，宽视野
骑摩托车	• 1080p 50，SuperView 视野 • 2.7K 50 4:3，宽视野
双板滑雪、单板滑雪	• 1440p 50，宽视野 • 2.7K 50 4:3，宽视野
冲 浪	• 1080p 200，宽视野
水下活动	• 1080p 50，宽视野 • 4K 50，宽视野
水上活动	• 1080p 100，宽视野 • 1080p 200，宽视野 • 2.7K 100，宽视野

其实，通常设备官方网站的"支持与帮助"里面都可以找到使用说明书，仔细研读说明书是一个非常好的习惯，不仅有利于熟悉手中的设备，还可以学习很多相关知识。

千万不要纠结于这么多的格式该选择哪种，更没有必要刻意去记忆，这里主要是帮助读者进行理解。通常4K 50帧已经很不错了；如果拍摄极限运动，需要制作慢动作视频，可以选择1080p 100帧以上；200帧时如果直接输出到电视，有些可能无法正常播放，但是可以在视频剪辑软件中完成制作（软件也要升级到较新的版本，否则可能无法支持）；普通拍摄通常可以设置为1080p 25帧。

1.2.4 无人机

这里请原谅笔者多唠叨两句，因为每次一提起无人机，就会想起第一次放飞无人机、俯瞰大地时那激动人心的感觉。随着无人机缓缓上升，越来越多的视野进入眼前的屏幕，就好像在云端看着世间的芸芸众生。转动摄像头，寻找观察对象，瞄准目标，向前推进，好莱坞大片的既视感立马呈现在眼前。

使用无人机拍摄时一定要做好精心的准备，通常提前一天甚至更早就要开始，准备越充分，拍摄效果越好。要了解拍摄地点有没有限飞要求、大体上的地形地貌、当日天气如何，重点关注风力和能见度，特别是要多准备些电池。

下面以大疆精灵4为例进行介绍，具体设置如下。

首先，进入飞行界面，在遥控器与无人机连接成功后，点击"开始飞行"，如图 1-4所示。

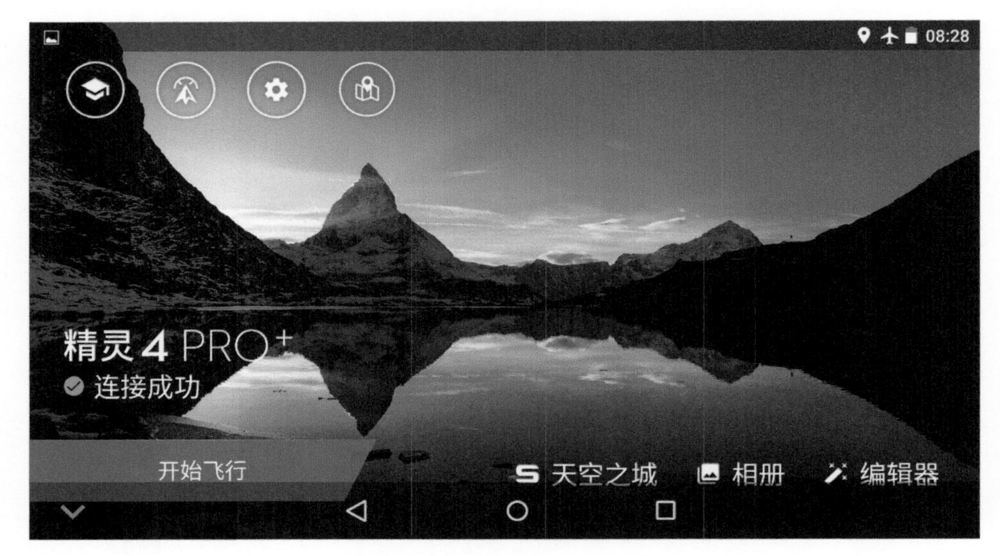

图 1-4

然后按照图 1-5所示操作顺序和位置进行视频摄录相关参数的设置。

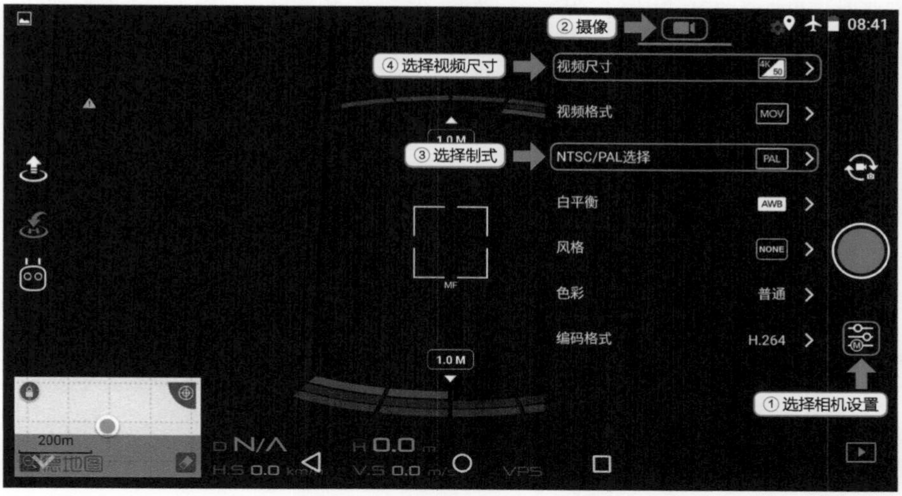

图 1-5

设备所支持的分辨率和帧速率如表1-7所示（PAL、H.264模式下）。

表 1-7

	50	48	25	24
4K 4096×2160	✓	✓	✓	✓
4K 3840×2160	✓	✓	✓	✓
2.7K 2720×1530	✓	✓	✓	✓
1080p 1920×1080	✓	✓	✓	✓
720p 1280×720	✓	✓	✓	✓

关于无人机飞行操作，还是那句话，起飞前请详细阅读说明书或观看说明视频。

1.2.5　手机

手机灵活方便、操作简单，由于各手机系统不一样，设置位置通常不一样。当前手机升级换代速度较快，此处仅供读者参考。

iPhone手机

录制视频时，只需要打开"相机"程序，选取"视频"拍摄模式，轻点"录制"按钮或按任一音量按钮开始录制。

技巧放送

可以在屏幕上通过手势动作来进行变焦，注意变焦时一定要慢一些。新型号可以在1x和2x之间切换，或使用刻度盘进行变焦。

iPhone视频录制帧速率默认为 30 fps（帧/秒），可以在"设置" > "相机" > "录制视频"中选取其他帧速率和视频分辨率，如图1-6所示。

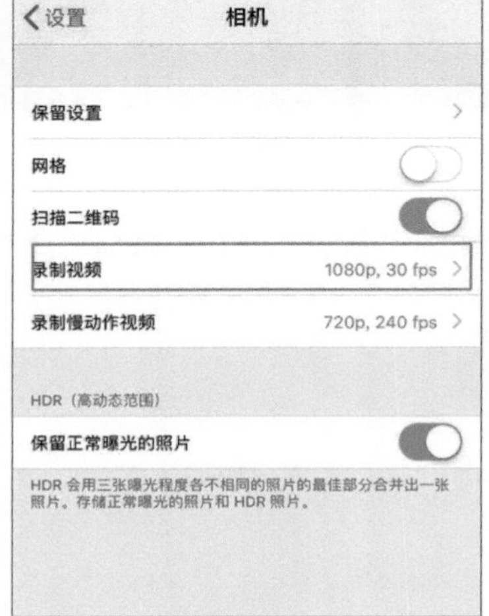

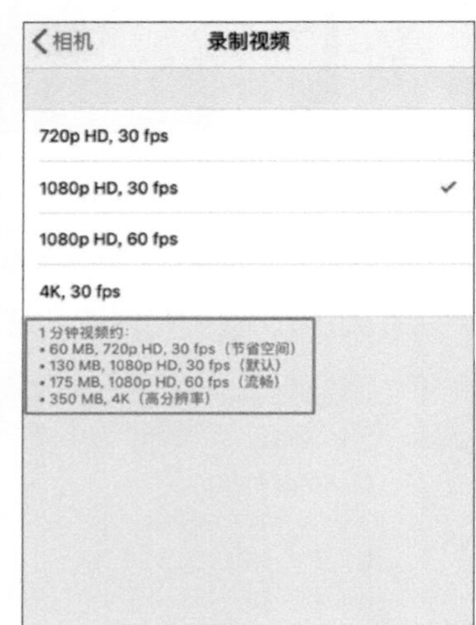

图 1-6

在"录制视频"选项右边可以看到手机当前的分辨率和帧速率，点击进入可以切换成其他的拍摄模式，不同型号的iPhone选项不同，iPhone X已经支持到4K、60 fps。需要注意的是4K模式占用手机存储空间较大，应随时注意观察使用情况。

华为手机

选择"相机" > "录像"，点击界面右上角的"设置"按钮，会出现"设置"菜单，选择"分辨率" > "4K UHD"，如图 1-7所示，即可设置高分辨率模式，同样需要注意存储空间。

图1-7

● 小米手机

首先，打开手机中的“相机”程序，选择“录像”，点击界面右上角的三条横线菜单图标，选择“设置”>“视频画质”>“超高清 4K，30fps”，这样就可以拍摄4K视频了，同样还是要关注手机存储空间。这里顺带给系统设计者点个赞，全部用中文诠释菜单，非常便于理解，如图 1-8所示。

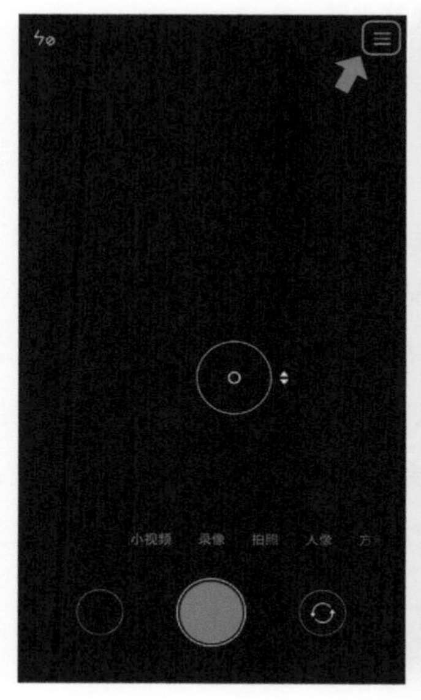

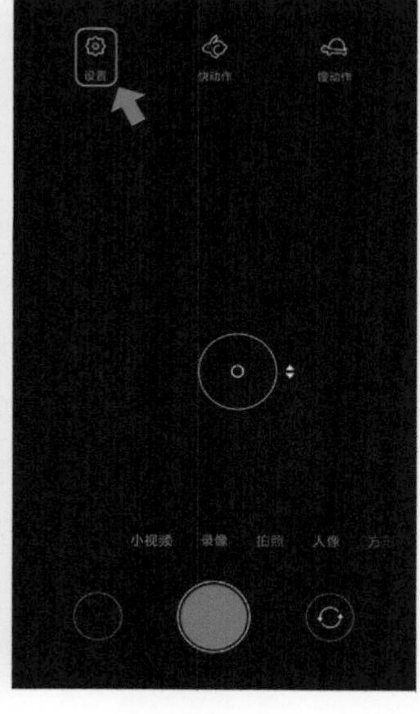

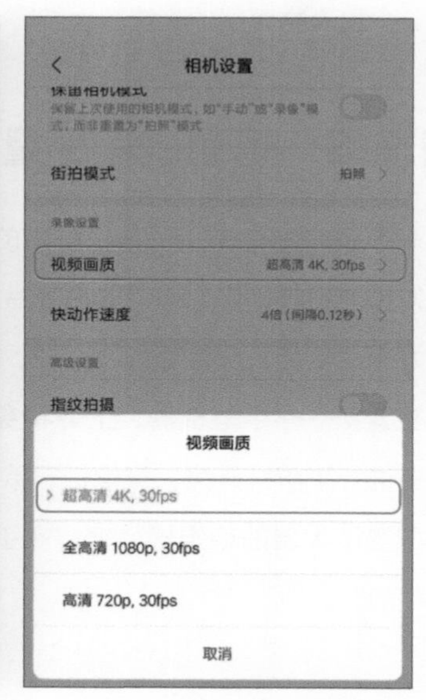

图1-8

由于手机品牌、版本较多，这里不再一一罗列，如果实在找不到的读者可以拨打自己手机品牌的客服电话，寻求技术支持。

1.3 拍摄技巧

1.3.1 光，要有光

无论照相还是摄像，都是光影的艺术，只不过摄像时还要叠加一个时间要素。拍摄时只要有柔和明亮的光线，普通拍摄设备，包括手机，拍摄效果都不会差；如果是暗影，最好用灯光照亮一下，而且摄像不像照相那样需要瞬间高亮度，普通照明设备也能取得较好的效果。特别是消费级摄像设备，感光元件面积通常较小，最好是在光线充足的地方使用，或是有光的辅助。

1.3.2 还是补点妆吧

如今视频拍摄设备的清晰度是很"可怕"的，特别是拍人物特写（如果没有直观印象可到各大家电卖场转一转），每一根汗毛都看得清清楚楚，所以如果是相对正式的拍摄，建议补点妆、梳梳头。再就是尽量少拍人物面部的高清超大特写，别等以后放到大电视上，本来美美的，变成怕怕的。

1.3.3 运动过程尽量减少晃动

高速运动的物体不可怕，可怕的是高速运动的设备。视频拍摄最好要稳稳的，练就"铁手功"。视频如果晃动得厉害，看的人很容易发晕，而且容易出现卡顿等情况。其实有一些技巧，就是在有依托的地方先找依托，什么都行，石柱、栏杆、木栅栏等，总比自己两只手悬空强。实在没有可以简单采用上臂夹紧法——手握机器，上臂和身体夹紧（不用太用力，不然长时间会发抖的）。笔者为自己的全部设备进行了防抖升级：摄像机、单反都是带三脚架的；GoPro加装了稳定器，拍摄同时还能充电；手机也配置了大疆的稳定器，官方叫手机云台。升级后，无论拍摄穿梭的人流，还是奔跑嬉戏，效果都"杠杠的"。

1.3.4 不要总玩长镜头

这里的长镜头是说有些朋友在开始拍摄后，十几分钟、半个小时，还在拍着，不管好坏，就是不停机。摄像机可经不起长镜头折腾，除非特殊拍摄效果需要。首先，由于设备处理数据量大，容易发热，特别是电量消耗过快，遇到炎热的天气情况更甚；再就是存储容量有限。要想多记录一些视频，还是认认真真地一个镜头、一个镜头去完成，而且拍摄短一些便于后期采集整理，不好的、不需要的视频直接删掉，节省时间和空间。

1.4 视频剪辑一般流程

当前使用的视频剪辑软件通常叫作非线性编辑软件，这是针对传统的磁带编辑而言的，所有视频、音频、图片等媒体素材在软件中都是以类似条状口香糖的片段形式出现，如图 1-9所示。编辑人员首先将媒体素材导入视频剪辑软件，然后按照预定的故事情节，在时间线轨道上排列好，配合音频调整剪辑，增加转场、效果、文字等，最后导出作品，即可完成基本的影片制作工作。

图 1-9

1.4.1 纵向流程划分

为便于初学者学习掌握，笔者把视频剪辑制作流程按照图 1-10所示，纵向划分为五个步骤，本书后面的章节也是按照这五个步骤来分配的。看似简单的流程，实际上涵盖了几乎所有视频剪辑软件的基本操作原理和思想，只要学习掌握了每个步骤的基本操作方法，不管今后用到哪款软件，都能信手拈来。

图 1-10

1.4.2 流程分步介绍

这里简要解释一下，具体内容后面的章节会详细讲解。

第一步就是要熟悉所用软件的工作界面，并新建一个工程文档用于编辑自己的作品。其实这很好理解，就像我们搬进一个新家，总要熟悉一下房间布局、开关位置，刚买的新车也要熟悉一下操作环境。编辑一部视频作品就像做一道菜，视频剪辑软件就像我们的厨房，先要熟悉一下刀在哪、锅在哪、盘子在哪，然后就可以准备开工了。

第二步就是把摄像机拍摄的视频导入视频软件里面，注意，这里不仅仅是要导入电脑，还要导入软件。仍然以刚才的做菜为例，这步就是要把菜都切好，把素材准备好。

第三步就是把拍摄的视频素材按照导演的脚本或是自己的构想排列起来。还是以做菜为例，这步菜就可以下锅了，但要按照菜谱，依次下锅。这里需要说明的是音频剪辑完全可以独立出来，因为音乐、配音、音效等对一个作品是极其关键的，甚至决定作品的成败，不过为了便于初学者学习，这里就暂时归为一步。

第四步就是添加一些特殊效果，如转场动画、色调、标题文字等，使作品更加丰满，就像是给菜添加了各种调料，这样才能有滋有味。

第五步就是导出自己的作品，分享给别人，也就是我们的菜可以盛盘上桌了。

这是在浙江大学校园内拍摄的一种小花，非常独特。通过搜索得知她的名字叫结香，也叫梦树，传说能让人美梦成真。

第2章

“剪刀手”领进门——熟悉软件

02

本章学习 Premiere Pro、Final Cut Pro 和 DaVinci Resolve 三款软件的操作，并创建一个新项目。

做好了前期的各项准备，下面正式开始视频剪辑软件的学习。本书通过三款主流视频剪辑软件的"横"向对比，一来可以满足不同系统、不同软件读者的需要，二来可以对比分析、触类旁通。新上手的读者不必问到底哪款软件更优，工作中可能还会用到很多其他软件，如Vegas、Edius等，只要扎扎实实学好一款，其他的很快就能上手。本书讲解以下三款软件。

- **Premiere Pro**

老牌视频剪辑软件，Windows和Mac系统通用，每年都在不断推新，配合Adobe家族软件，几乎可以说是全能模范。

- **Final Cut Pro**

苹果Mac系统下的主力干将，很多人都是冲着它而去买苹果电脑的。由于Mac系统自身对音频、视频的良好支持，Final Cut Pro无论是底层代码优化还是界面人性化设计方面，都非常优秀。

- **DaVinci Resolve**

Blackmagic Design公司的专业视频制作软件，率先横跨Mac、Windows和Linux三大平台，而且有官方免费版（部分高级功能受限）。早期主要是用来对视频进行调色处理，常配合专业硬件使用，是好莱坞电影工厂的得力助手。近年来，软件不断对剪辑、音频、特效等功能补充完善，已经发展成为全能视频制作软件，正如其广告所说，能想到的工具它都有，未来在国内肯定会得到迅速普及。

2.1 Premiere Pro

本书使用的版本是CC 2019版。CC 2019版相对老版本，界面改进非常大，按照编辑制作流程进行了模块整合，正好与之前介绍的纵向分步流程相呼应，不仅便于专业制作团队分工合作，而且更加便于入门者学习掌握。工作区按钮在界面顶部（这里采用了Pr帮助文档中的统一说法，把程序窗口整体的布局称为工作区，把每一块功能区称之为面板），主要分成了"学习""组件""编辑""颜色""效果""音频""图形""库""所有面板""元数据记录"等，如图 2-1所示，下面逐一进行介绍。

图 2-1

2.1.1 创建新剪辑

打开程序，会出现“开始”界面。第一步要新建一个项目，单击“新建项目”按钮，会弹出一个“新建项目”对话框，这里根据需要修改一下项目的“名称”和“位置”等。下面有三个选项卡，分别为“常规”“暂存盘”“收录设置”，通常默认就可以。“收录设置”比较常用，进入项目后仍然可以设置，后面会详细介绍。在“新建项目”对话框中设置完之后，单击“确定”按钮，各选项卡选项如图2-2所示。

如果已经完成新建，需要打开现有项目时，在“开始”界面中单击“打开项目”按钮，选择需要打开的项目文件即可。

实例2-1

启动Premiere Pro CC 2019软件，新建一个名为“‘剪刀手’养成记Pr”的项目。

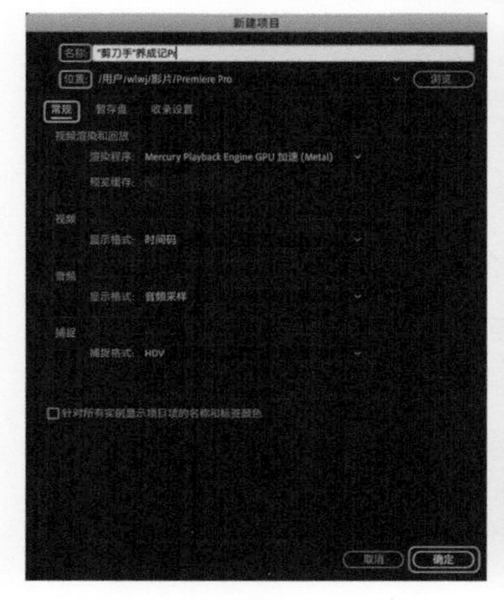

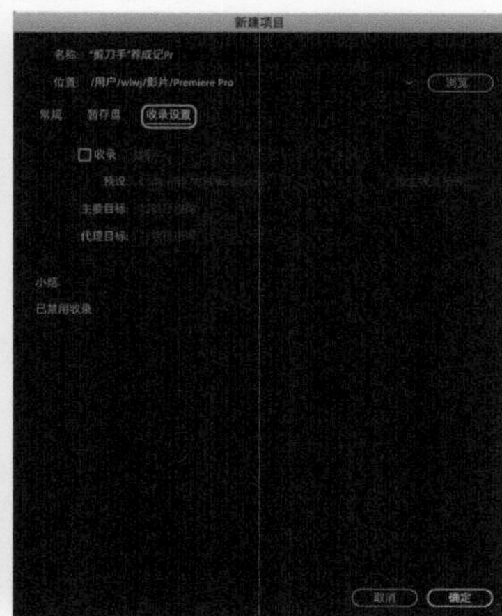

图 2-2

2.1.2 "学习"工作区

首先介绍"学习"工作区，如图 2-3所示，主要用来进行简易教学，可以看出软件开发者的良苦用心。如果没有找到，是因为版本问题，可以更新一下版本或者跳过，不影响视频剪辑制作。在最左侧的"学习面板"中有几段教学视频（不同版本内容不同），最为神奇的是它跟右侧的几个面板是互动的，需要你按照教学提示正确地完成操作才能够进行下一步，真正是手把手地教。讲解虽然是英文的，但都比较简单，配合视频基本可以看懂，实在觉得英文有压力的读者请跳过，继续阅读本书后续内容。

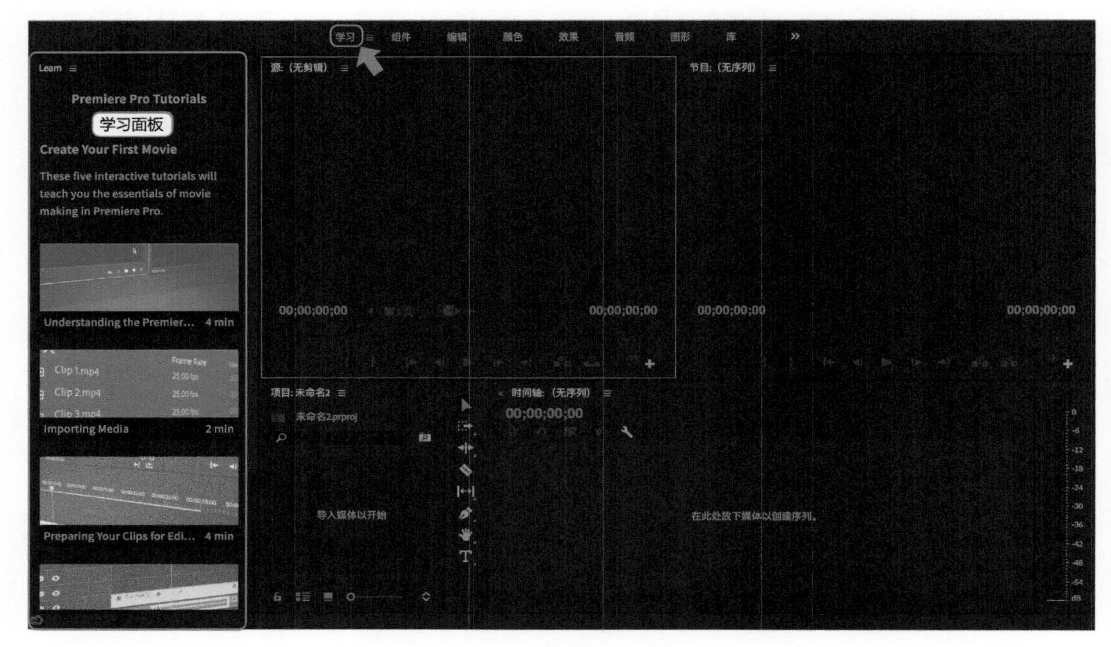

图 2-3

2.1.3 "元数据记录"工作区

"元数据记录"工作区是一个非常好用的功能入口，不知道为什么被排到了最后，还直接隐藏了，不过这里笔者还是按照实际工作经验，先来介绍一下该工作区。找不到的读者请从折叠菜单中打开，如图 2-4所示。

图 2-4

工作区界面设置上主要包括“项目”“媒体浏览器”“源（节目）监视器”“元数据”“标记”等面板，如图 2-5所示。

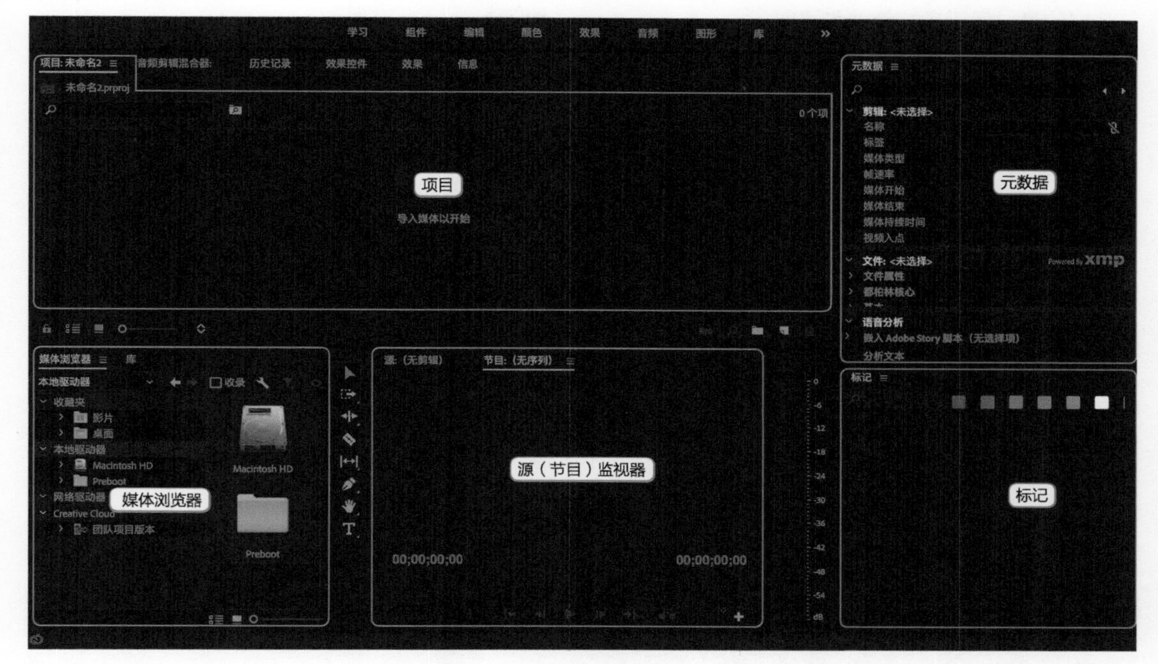

图 2-5

- **“媒体浏览器”面板**

该面板简单理解就是系统的文件管理器。这里是系统的文件目录结构，出现的素材都是电脑硬盘或外置硬盘上的，即使看到了也不能被视频剪辑模块直接使用。

- **“项目”面板**

该面板相当于视频剪辑软件的文件管理器。“媒体浏览器”中的媒体文件只有拖入或通过鼠标右键导入“项目”面板中，才相当于进入视频剪辑软件的视野，才能进行下一步的剪辑操作。

- **“源（节目）监视器”面板**

该面板相当于一个视频播放器，可以进行正常播放、逐帧播放等操作。“源”主要表示播放的是媒体素材，“节目”主要表示播放的是正在剪辑制作的视频序列。“节目监视器”有时也被称为“时间线监视器”。

- **"元数据"面板**

该面板显示的是视频片段的相关参数，比如前面讲过的分辨率、帧速率等，也可以添加描述、注释等视频信息，便于后续管理和搜索。

- **"标记"面板**

该面板主要用来为视频素材添加某个（或某段）位置的标记说明。使用时在视频素材上需要的位置按【M】键，既可生成标记，还可以调整出入点时间和标记颜色等，便于后续视频制作使用。初学读者由于媒体量比较少，而且多数为自己拍摄的，比较熟悉，可以暂时不用管它。

2.1.4 "组件"工作区

"组件"工作区是官方帮助文档中介绍的视频剪辑入口，主要用于导入媒体文件，同时可对"项目"文件进行管理。其实在学习完上一小节"元数据记录"工作区后，会发现基本面板是类似的。不过为了适应不同读者的使用习惯，这里还是介绍一下，读者可以按照自己的操作习惯进行选择。

"组件"工作区主要包括"项目"面板（以及"媒体浏览器"面板等）、"源（节目）监视器"面板和编辑视频的"时间轴"面板三大部分，如图 2-6所示。前两个面板之前已经介绍过，这里就不再赘述了。

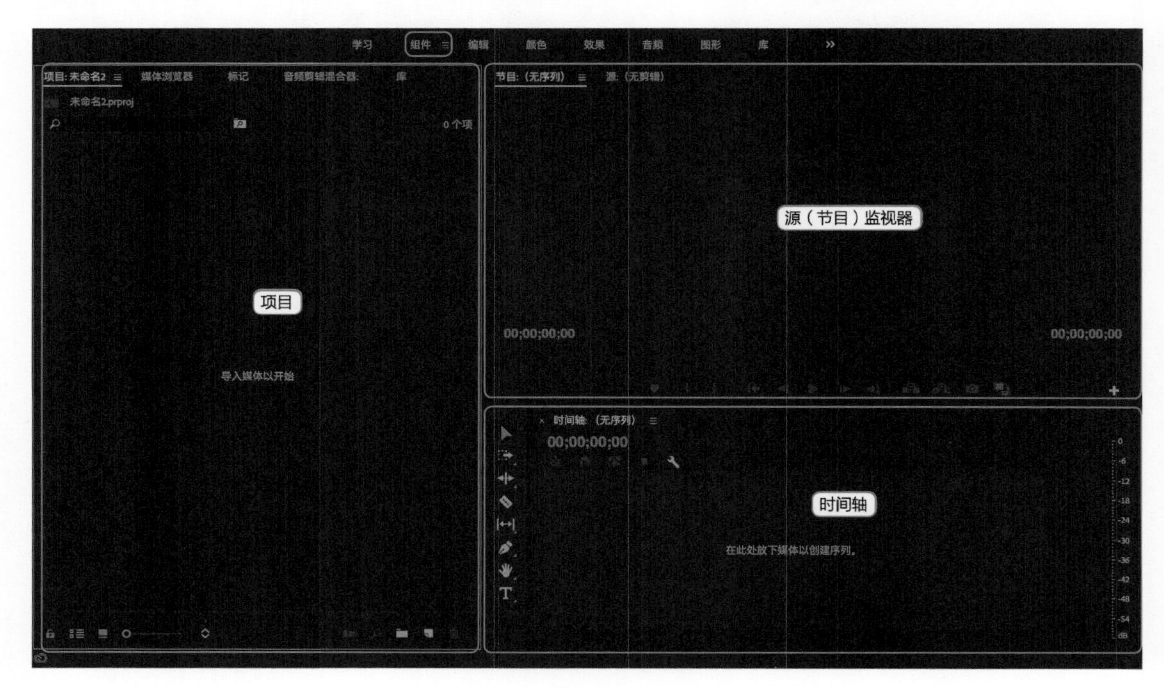

图 2-6

● **“时间轴”面板**

该面板主要用于编辑视频序列，就是将视频素材按照播放顺序，由左至右排序。需要注意的是这里的播放顺序是指按照脚本或自己构思的时间轴的播放顺序，不是视频内容中故事情节的叙事顺序。因为故事有可能用倒叙、插叙等各种表现形式，根据艺术手法的不同而不同，但时间轴播放顺序是固定的。在后续讲解过程中也称之为“时间线”面板。

2.1.5 “编辑”工作区

“编辑”工作区主要用于视频剪辑制作，这是软件的核心工作区，所有视频和音频素材都在这里加工，形成最终的影视作品。该工作区主要包括“源监视器”“节目监视器”“项目”“时间轴”四个面板，如图 2-7所示。如果布局不一样，请单击顶部“编辑”旁边的按钮▪，选择“重置为已保存的布局”命令。

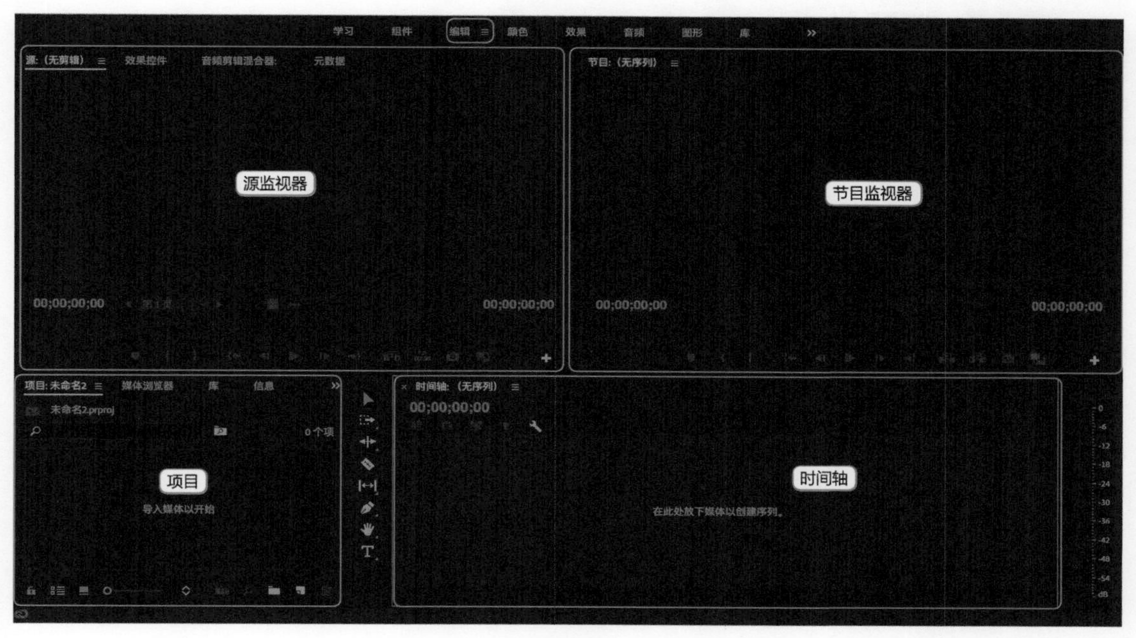

图 2-7

四个面板前面都进行过介绍，在此就不赘述了。这里把“源监视器”和“节目监视器”面板平铺展开，是便于制作过程中随时查找素材并查看编辑的视频。实际上专业视频剪辑人员通常会再外接一个监视器，作为编辑视频的监视，这样最终输出的视频会相对准确一些，电脑上的界面也不会那么密集。

2.1.6 “颜色”工作区

“颜色”工作区主要是对剪辑的视频进行调色。调色的原因有很多：专业摄像机导入的视频需要调色才能呈现出鲜艳的色彩；不同设备拍摄出的视频色彩风格可能不统一，如果直接剪辑到一起，画面会出现视觉上的跳跃，需要进行调色工作；影视作品呈现出的老电影、小清新、科幻风等各种风格及发黄、发青等各种氛围都需要调色完成。由于消费级摄录设备对色彩已经调校得比较鲜艳了，通常不用再进行调色处理；而且想真正学好调色，难度也是非常大的。“颜色”工作区在最右侧增加了一个“Lumetri颜色”面板，左侧变成了“Lumetri范围”面板，如图 2-8所示。

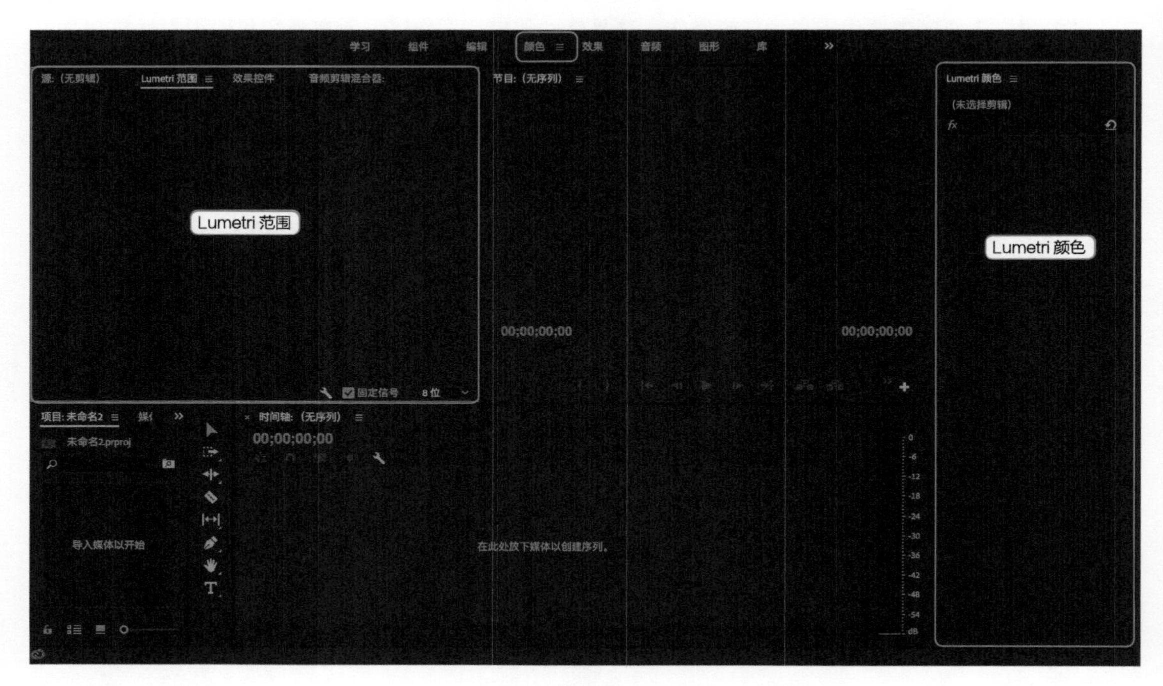

图 2-8

● “Lumetri颜色”面板

该面板主要用来对视频色彩进行调整，这里简单称之为“颜色”更容易理解一些，面板参数如图 2-9所示，后面的章节将会详细介绍使用方法。

- **“Lumetri范围”面板**

该面板主要用来显示色彩相关数据，所以可称之为“颜色监视器”，实际工作界面如图2-10所示，在面板处单击鼠标右键，可以将相应的“矢量示波器（HLS）”“矢量示波器（YUV）”“直方图”“分量（RGB）”“波形（RGB）”等显示出来，供调色参考。

图2-9

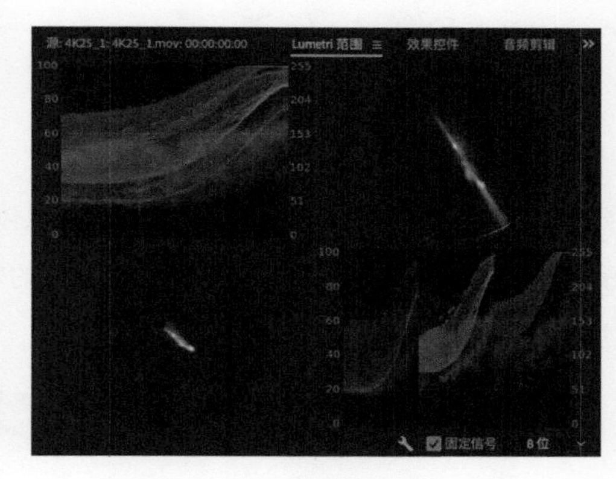

图2-10

2.1.7 “效果”工作区

“效果”工作区的作用简单说就是为了添加一些华丽的特殊效果。在工作流程上，完成影片剪辑后，对每一小段视频素材进行统一调色，然后进入“效果”工作区，添加转场和特效等；也可以在完成剪辑后，直接进入“效果”工作区。这里主要调整了两个面板，一个是“效果控件”面板，另一个是“效果”面板，如图2-11所示。

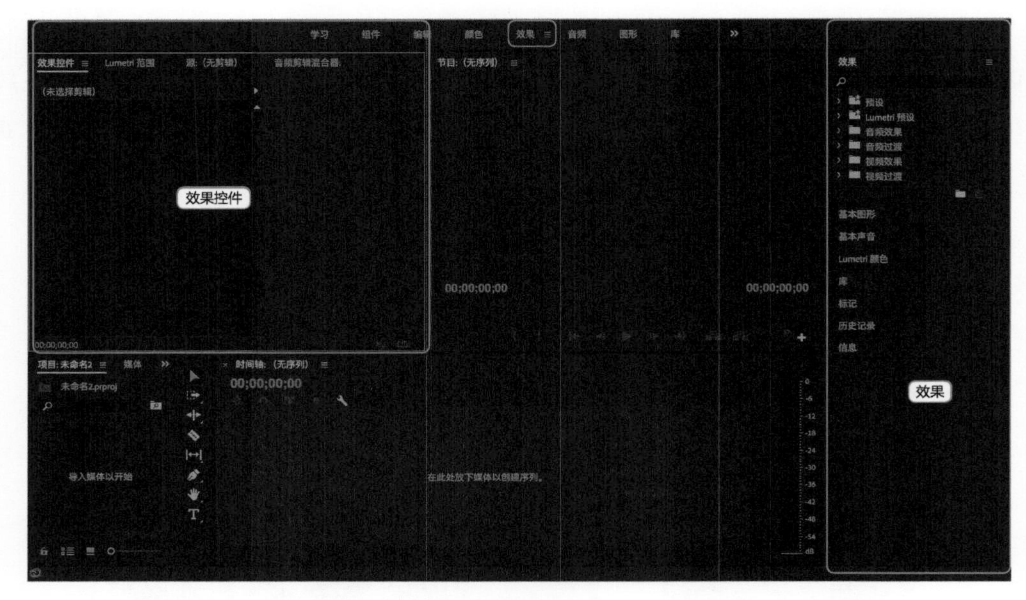

图 2-11

● "效果控件"面板

该面板主要用来对添加的效果进行编辑，添加效果的具体参数都会在这里以堆栈的形式罗列出来，如图 2-12所示。单击效果名称左侧箭头，展开需要编辑的效果，修改相应的参数，同时观察"监视器"中视频状态，直至满足制作要求。

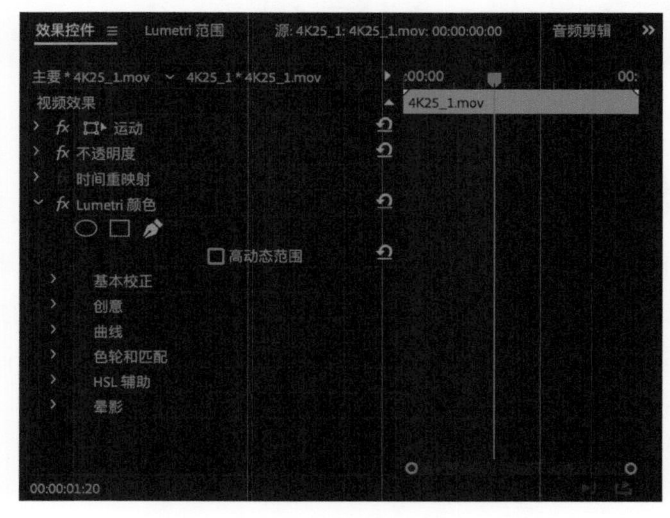

图 2-12

- **“效果”面板**

该面板主要包括“视频效果”“视频过渡”“音频效果”“音频过渡”等，如图 2-13所示。其中“视频过渡”使用较多，它是指将两个视频片段采用某种过渡的方式连接起来，使之更加顺畅或达到某种特殊效果。

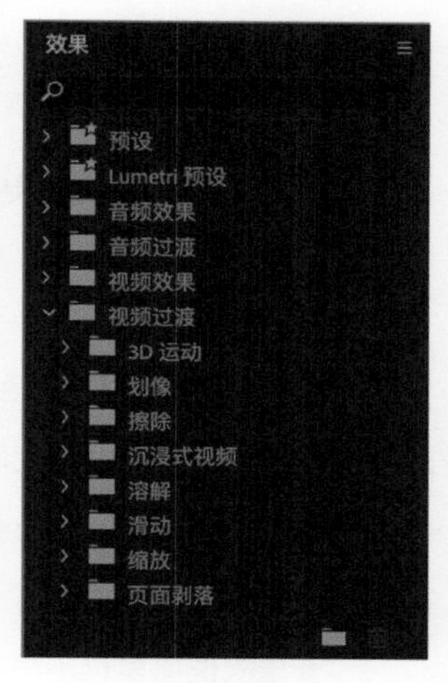

图 2-13

2.1.8 “音频”工作区

“音频”工作区主要是用来编辑视频的声音。这里面同样有比较大的学问，入门读者只需要掌握增加音乐、合成音轨等基本编辑方法，但如果想让影片呈现大片效果，还需要很多更深入的学习。“音频”工作区又出现了几个新的面板——“音频剪辑混合器”（以及“音轨混合器”等）和 “基本声音”面板，如图 2-14所示。

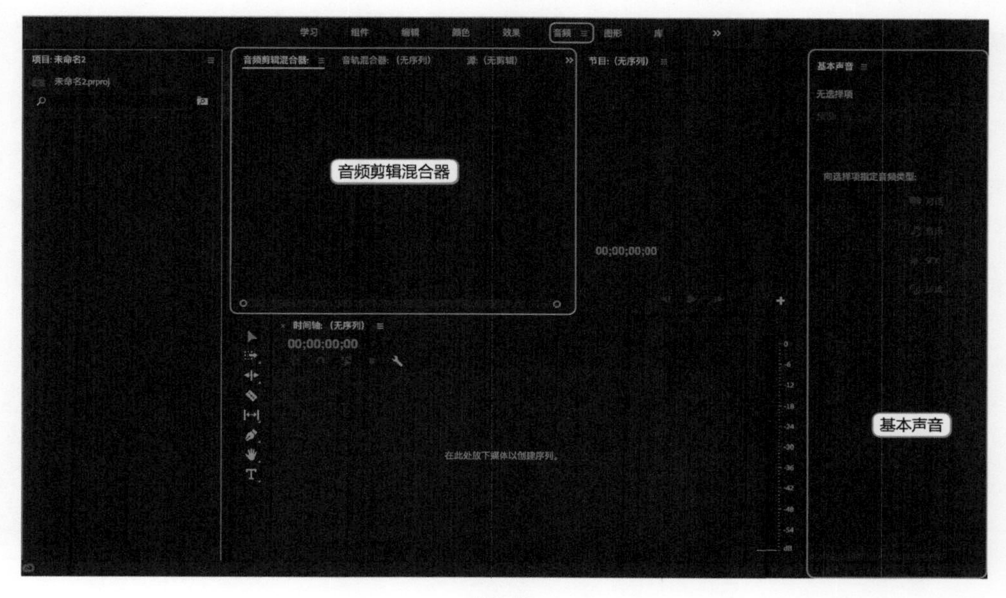

图 2-14

● "基本声音"面板

这里先介绍"基本声音"面板是因为该面板里面列出的"对话""音乐""SFX（可称之为"音效"）""环境"是最基本的四种音频类型（也称之为"角色"），如图 2-15所示，通常一部影视作品会包含全部这些类型。

图 2-15

"对话"就是人的说话声音。通常入门级拍摄时会将视频和声音同时录制，这样的素材家庭使用是完全可以的，但用于制作专业影片时可能会因为存在很多背景噪音而影响效果，此时会采用更好的录音设备或后期在录音棚重新录制音频。

"音乐"说简单也不简单，因为给视频配上合适风格、节奏的音乐既是一门技术，更是一门艺术。

"音效"指的是特殊效果，比如走路的声音、玻璃破碎的声音、金属撞击的声音等。

"环境"指的是各种背景声音。有时甚至会刻意补充一些背景噪音，比如风声、雨声、涛声、虫儿的低吟、小鸟的啾鸣，以及街道上的各种叫卖声等。

专业级影片的声音基本是重新"制造"出来的，只有补充了这些声音，视频才会真实、丰满。

● "音频剪辑混合器"和"音轨混合器"面板

这里把两个面板一起简要介绍一下。入门阶段的读者只要掌握调节音轨音量大小、制作淡入淡出效果等方法基本就够用了，高级进阶时就要研究音频效果、立体声道等。

"音频剪辑混合器"面板如图 2-16所示，"音轨混合器"面板如图 2-17所示。这两个面板都可以实现音轨音量调节、左右声道调节、音轨名称修改、音频关键帧制作（动态效果）等功能，具体操作方法在后续音频制作部分再进行介绍。

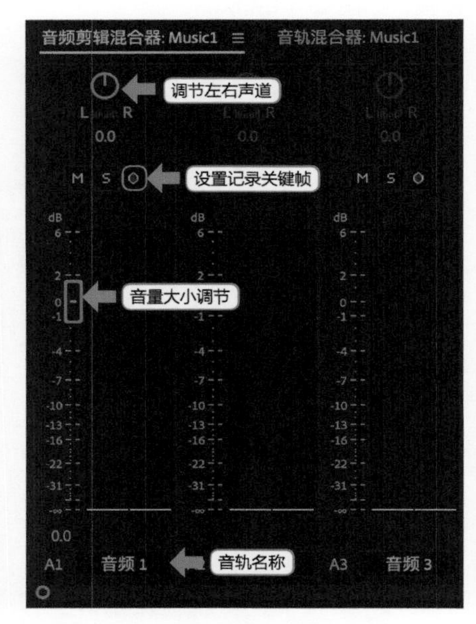

图 2-16

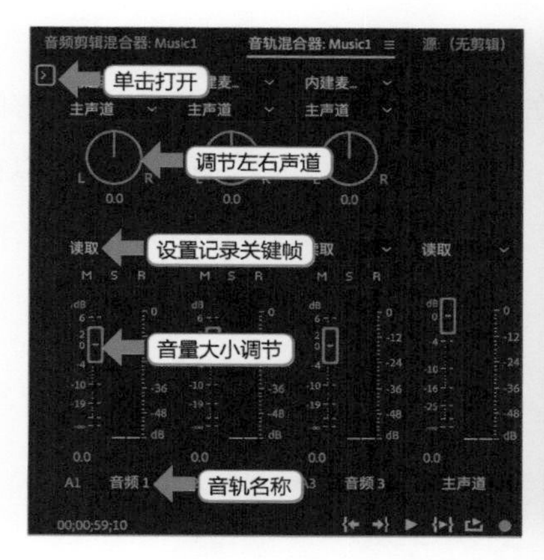

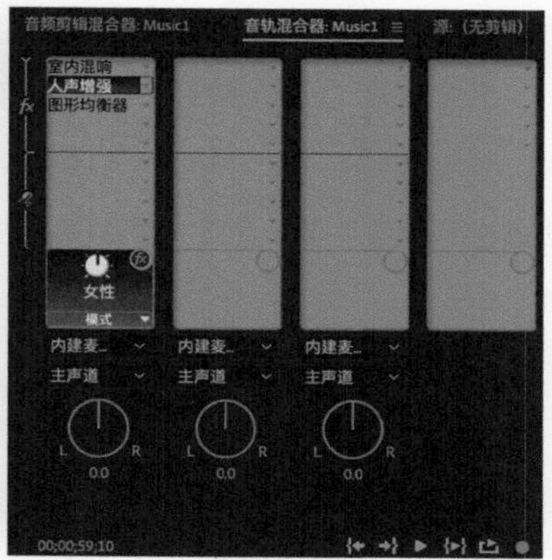

图 2-17

2.1.9 “图形”工作区

“图形”工作区如图 2-18所示，主要是用来插入字幕、形状等图形元素，这是Pr CC改进最大的部分，也是官方推荐的新版编辑字幕的工作区。该工作区的面板与“编辑”工作区基本相同，只是在最右边新增了“基本图形”工作面板。

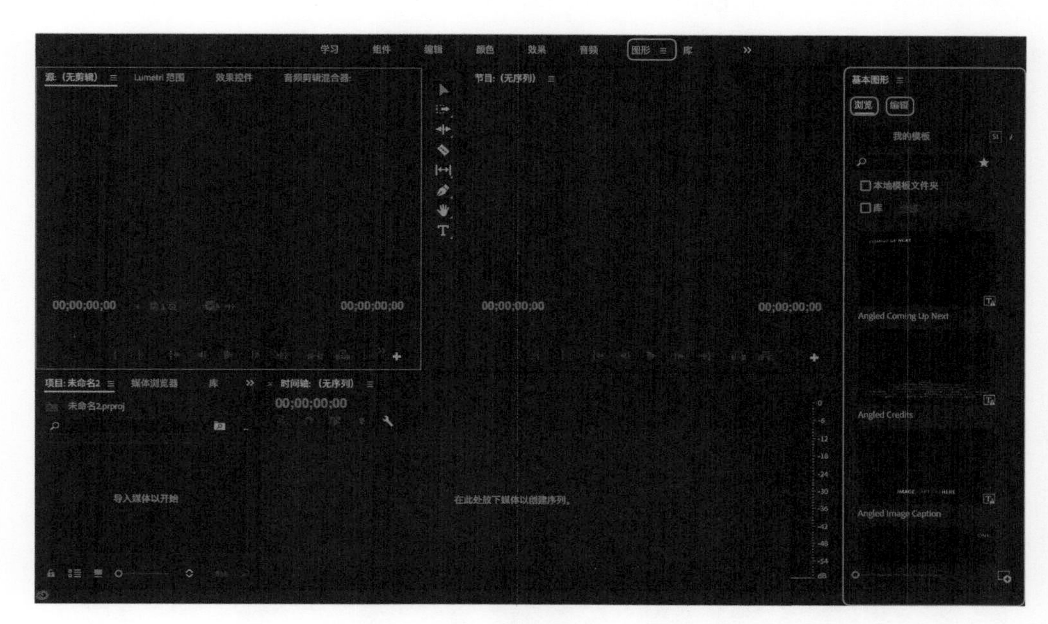

图 2-18

- **“基本图形”面板**

该面板包括“浏览”和“编辑”两个选项卡。在“浏览”选项卡中有部分预先制作好的字幕和图形模板，将其拖入“时间轴”上的视频轨道即可使用。如果需要对模板内容进行修改，可以在视频轨道上单击该模板，则会在“编辑”选项卡中出现相应的可调整参数，然后按照自己的需要进行修改即可，如图 2-19所示。

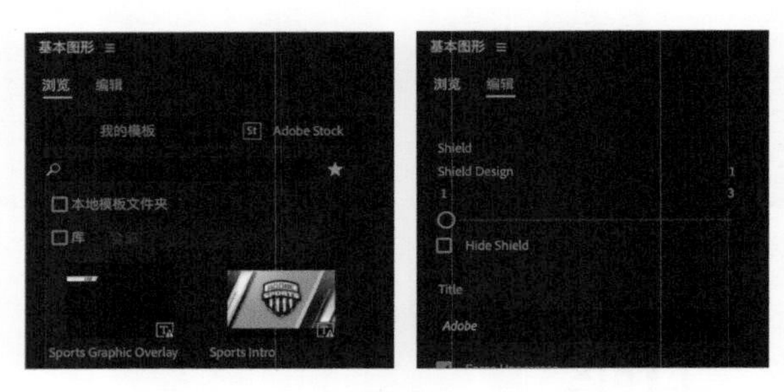

图 2-19

2.1.10 “库”工作区

“库”工作区与“组件”工作区基本相同，主要是在最右侧增加了“库”面板，通过云平台获取资源，如图 2-20所示。

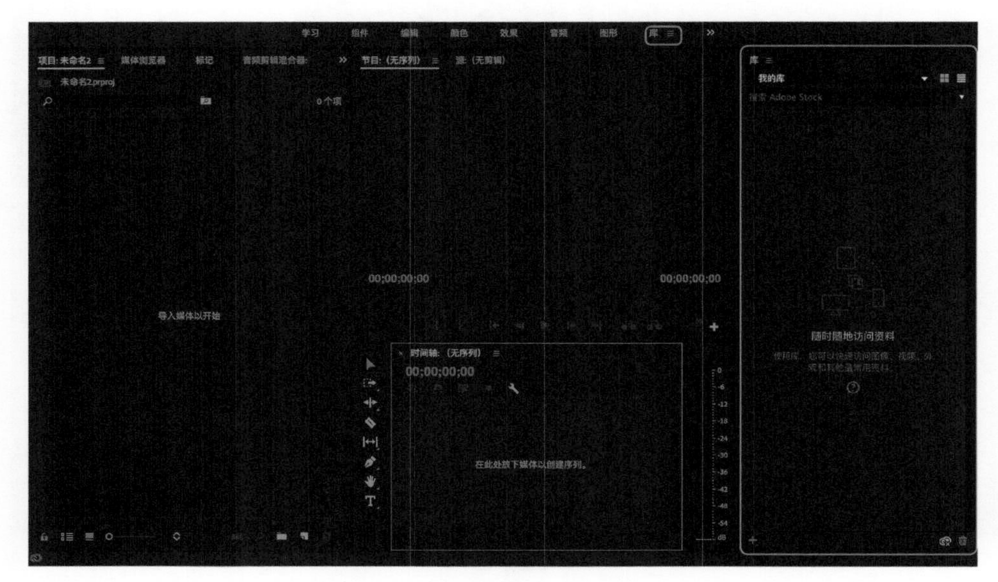

图 2-20

- **“库”面板**

该面板如图 2-21所示，可以通过Adobe云平台Creative Cloud Libraries从各应用程序中收集设计资源，也可从 Adobe Stock 下载资源。使用Adobe Stock时，在搜索框中输入需要的素材名称，搜索范围选择Adobe Stock，确认后即可出现相关素材，然后选择需要的素材，直接拖曳到“时间轴”轨道上即可（注意这里的素材是带水印的，如果需要去水印，在“库”面板素材上单击鼠标右键，选择“许可图像” 购买版权）。

图 2-21

2.1.11　“所有面板”工作区

“所有面板”工作区，顾名思义，就是将所有面板罗列出来，供剪辑人员使用，如图2-22所示。该工作区界面对于初学者不常用，专业用户可以在此界面中打造自己所习惯的工作环境。

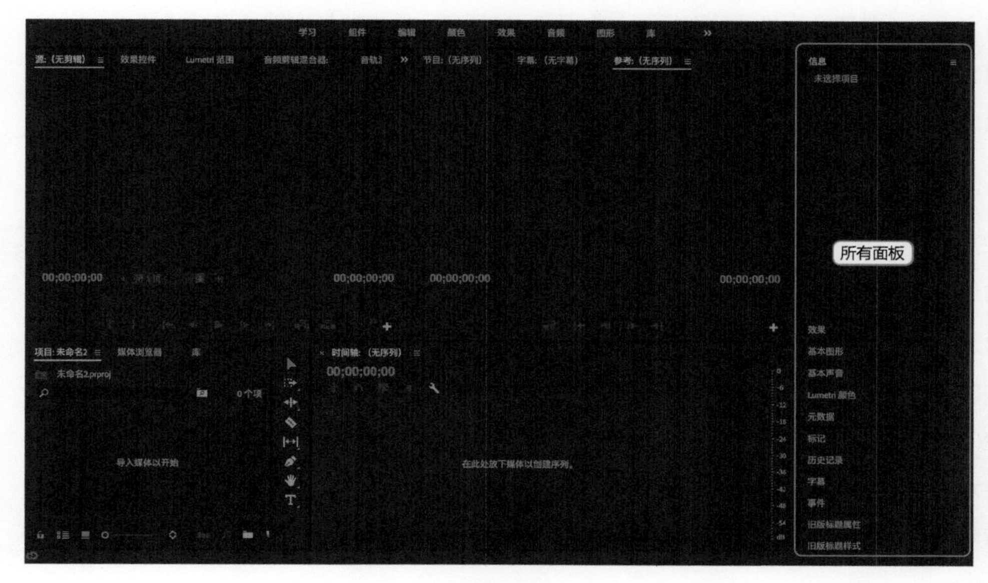

图 2-22

2.2 Final Cut Pro

Final Cut Pro（由于其10.0版本Final Cut Pro X具有颠覆性改变，后习惯简称为FCPX）是苹果Mac系统下非常强大的视频剪辑软件。因为是苹果公司自家产品，在软硬件方面都有完美的支持，加上苹果公司多年来在视频领域的深耕细作，制定了很多视频编码标准，所以FCPX理念先进、功能强大，且为图形化操作，非常适合视频剪辑入门使用。软件安装这里就不赘述了，需要的可以自行搜索。如果读者手头没有苹果电脑，本节也可以阅读了解，拓宽视野，重点是学习视频剪辑软件的工作原理。

2.2.1 软件基本理念

在介绍FCPX的使用之前，首先要介绍软件的基本理念，重点是与Pr 不同的地方，这样才能更好地理解软件的操作运行。

- **文件系统角度**

Pr 等软件通常都是以文件为核心，保存之后会在硬盘上看到一个工程文件，哪里要使用就复制到哪里，双击可打开继续编辑；而FCPX不是这样，不用再去硬盘中找那个工程文件了。如果非要找的话，可以在“影片”文件夹中，找到一个以影片名称命名的文件包（带四个小星星的图标），如图 2-23所示。单击鼠标右键，选择“显示包内容”命令，可以看到里面是一堆文件夹和文件，所以理解FCPX要从根本上转换思想。

图 2-23

- **文件操作角度**

使用过Word软件的读者都知道，最重要的一项工作是什么？当然是“保存”，否则的话，很可能白忙活一场。然后，FCPX的“文件”菜单中根本没有“保存”这个选项，如图 2-24所示。笔者第一次使用的时候也是很困惑，但当知道FCPX是基于数据库的原理时就明白了，它不需要保存，每一步操作都自动记录到数据库中，软件自动定时对数据库进行备份。所以，当完成工作后，放心大胆地关闭就行了，即使系统发生意外也不会导致工作丢失。如果想要打开之前做过的项目怎么办？请选择“打开资源库”命令。

图 2-24

● 目录结构角度

FCPX对导入媒体的整理方式与前面介绍的Pr软件不同，在Pr中采用与Windows系统资源管理器相同的模式，通过文件夹方式进行归类整理，如图 2-25所示。

而FCPX是基于数据库的原理，简单理解就是文件是文件、目录是目录，两者之间是通过建立关系连接在一起，可以是一对多，也可以是多对一，非常灵活。如图 2-26所示，左侧是“资源库”目录，右侧是导入的媒体文件，单击左侧的名称，右侧显示相对应的媒体文件。后续会重点介绍这部分内容。

图 2-25

图 2-26

● 媒体管理角度

首先介绍一下FCPX的媒体管理结构。主要区分“资源库”“事件”“项目”的概念，如图 2-27所示。这张图非常经典，几乎所有讲解FCPX的教材都会引用，只要把这张图看明白了，其结构就能明白了。

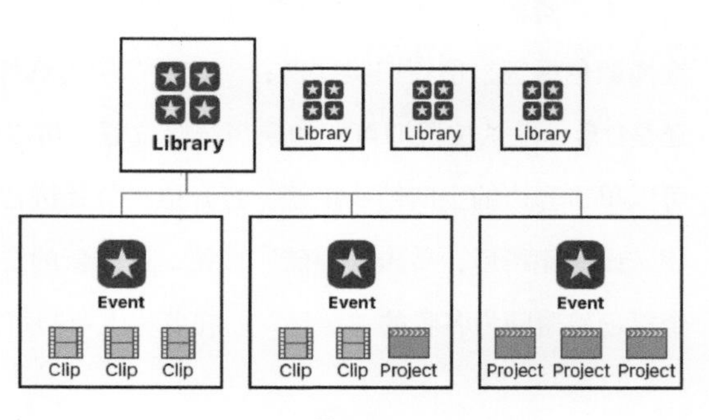

图 2-27

“资源库（Library）”包含所有媒体文件、编辑内容及相关资源数据等，“事件”和“项目”都包含在其中，可以简单理解成Pr创建的文件，但与Pr不同的是它是一个文件包，而且在FCPX中可以同时打开多个“资源库”。

“事件（Event）”包含导入的视频、音频和图像等，这里可以简单理解为包含“媒体片段”和“项目”的文件夹。

“项目（Project）”包含编辑和使用的媒体的记录，简单理解就是“时间线”上视频剪辑的工作。

“媒体片段（Clip）”指的是导入的媒体素材，包括视频、音频、图片等，在本书中我们也采用这种叫法，将导入的媒体素材称为媒体片段（也可简称为“片段”）。

2.2.2 创建新剪辑

言归正传，开始新剪辑的创建工作。首先要新建一个"资源库"，如果出现的是"打开资源库"界面，请单击左下方的"新建"按钮，如图 2-28所示。

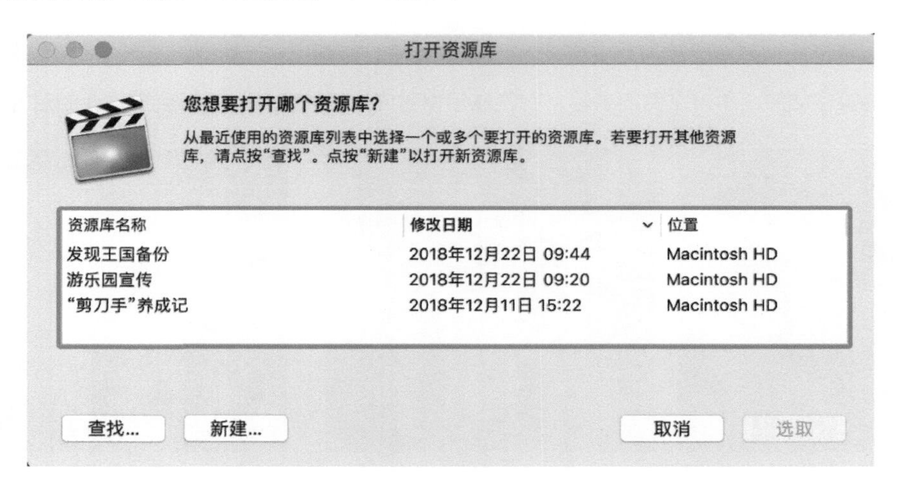

图 2-28

新建资源库的弹出对话框如图 2-29所示。在"存储为"文本框中填写资源库名称；"标签"中可选择颜色标签，便于归类整理；"位置"中可选择文件存储在硬盘的哪个地方，Mac系统不用纠结C盘还是D盘，默认位置即可。如果想调整位置，可以单击下拉列表（上下箭头按钮），选择常用位置，还可以单击旁边的上向箭头按钮，打开更多位置进行选择，或者单击左下角的"新建文件夹"按钮进行新建。设置完毕后，单击"存储"按钮，这样新的资源库就创建完成了。软件会自动在资源库中创建了一个以创建时间为名称的"事件"，在名称上单击可以重命名。

图 2-29

实例2-2

按照上述操作，新建一个名为“‘剪刀手’养成记FCPX”的资源库。

2.2.3 主工作区

FCPX程序工作界面的集成度很高，主要编辑操作全都集成在一个主工作区中，主要包括“资源库”边栏和浏览器、“检视器”和“磁性时间线”等面板，如图 2-30所示。

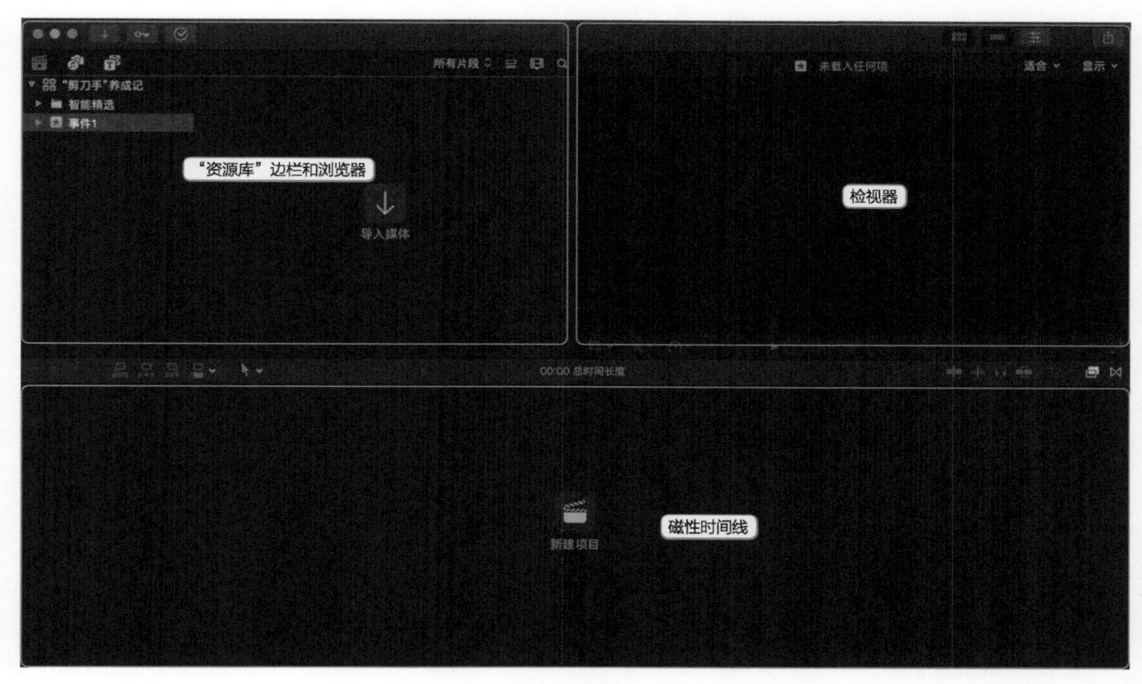

图 2-30

● “资源库”边栏和浏览器

该面板主要用来管理导入的媒体素材，之前已经简单介绍过，这里只需要熟悉一下界面。左侧是“资源库”边栏，单击左上角的“显示或隐藏‘资源库’边栏”按钮，如图 2-31所示，即可对其打开或关闭。这里可以根据使用习惯重新整理媒体素材，以及给它们添加关键词。在资源库中选择“事件”时，它的“片段”和“项目”会显示在旁边的浏览器中。

图 2-31

需要整理媒体素材或添加关键词时，在事件上单击鼠标右键（也可以按住【Control】键单击鼠标左键），在弹出的快捷菜单中有"新建文件夹""新建关键词精选""新建智能精选"等命令，执行后可添加相应内容，如图 2-32所示。

"智能精选"的图标有点像小太阳，可以定义一定的限制条件，单击后即可出现满足该条件的媒体片段，双击可以继续修改条件。

"关键词"精选是小钥匙图标，可以在媒体的元数据中设置，也可以直接将右侧媒体素材拖曳到上面，建立对应关系，下次单击时即可出现相应的媒体片段。

"文件夹"要特别注意，它不是用来放媒体片段的，媒体片段拖曳到上面也不会有反应，它是用来整理"关键词精选"和"智能精选"等内容的。

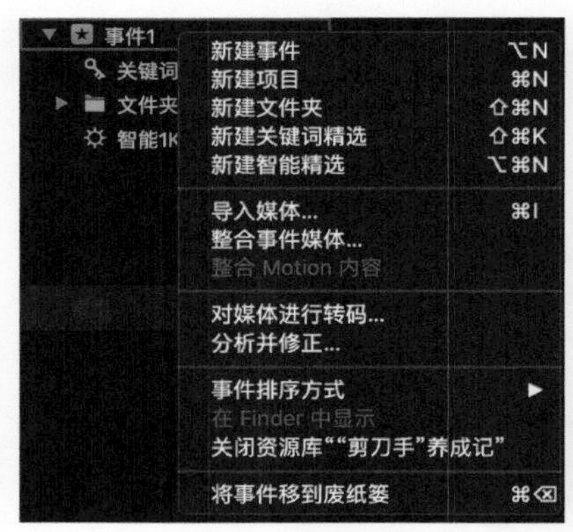

图 2-32

● "检视器"面板

该面板类似于Pr 的"监视器"面板，简单理解就是一个视频播放器，主要用来播放正在编辑的视频文件和媒体素材文件。读者应该还记得，之前Pr中有两个监视器，一个"源监视器"，一个"节目监视器"，其实通常用一个检视器兼顾就足够了，如果一定要同时看两个，单击"窗口">"在工作区中显示">"事件检视器"即可。

● "磁性时间线"面板

该面板类似于Pr的"时间轴"面板。创建"项目"后，会在工作区底部显示"磁性时间线"面板，在这里添加和排列媒体素材，并进行剪辑，创作影视作品。之所以称为"磁性"，是因为时间线上的媒体片段会以类似磁性的方式相互吸引，避免出现空隙，导致最终视频中出现黑屏。

还有很多其他的功能面板，在后续内容中会陆续介绍。

2.3 DaVinci Resolve

DaVinci Resolve的老版本国内通常称为达芬奇调色，该软件近几年发展非常迅猛——这个词用得一点也不夸张——从一款好莱坞特色软件迅速发展成为功能齐备的专业剪辑软件，走向普通用户。笔者之前用的12.0版本，撰写本书之前专门升级到当时最新的14.0版本，书还没有完成就又更新到了15.0版本，而且每一版本都是全新的改版。15.0版本可以被称为里程碑，其对剪辑、调色、音频、效果等进行了全方位升级，而且基本功能的使用还是免费的，简直是对其他视频剪辑软件吹响了战斗号角。

2.3.1 创建新剪辑

首先，还是新建项目，没有安装软件的读者可以到官方网站下载免费版。程序安装运行后，首先会出现“项目管理器”界面，如图 2-33所示，入门读者不需要深入了解，只要单击“新建项目”按钮即可。

这里为了更好地讲解和演示，将侧边栏的数据库管理面板显示出来。DaVinci也是一款基于数据库的软件，在这个面板中可以进行数据库新建、删除等管理工作。需要注意的是，如果有之前版本的数据库文件，升级之后就无法再退回了。右侧项目管理区可以新建项目，也可以新建文件夹对项目进行归类整理。

继续操作，单击“新建项目”按钮，在弹出的对话框中输入名称，完成新项目创建工作。

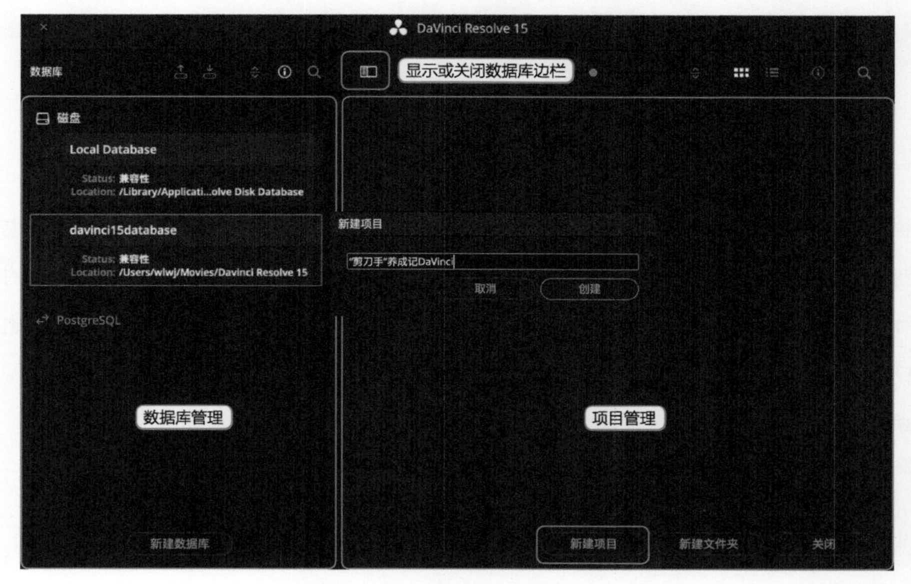

图 2-33

实例2-3

①新建一个名为"'剪刀手'养成记DaVinci"的项目。注意入门读者先不用去调整数据库，使用默认设置即可。

②创建完毕后要进行初始的设置，因为如果编辑剪辑后再进行设置，"帧速率"就无法修改了，这点也是使用DaVinci软件需要注意的地方。单击"文件">"项目设置"，单击"主设置"选项卡，将"时间线格式"选项组中的"时间线分辨率"调整为高清格式"1920×1080 HD"，将"时间线帧率"和"回放帧率"都调整为"25 帧/秒"，"视频监看"选项组中的"视频格式"调整为"HD 1080p 25"，如图 2-34所示。

③这里可以将以上配置设置为默认，方便后续操作。在"项目设置"对话框中，单击进入"预设"面板，将"当前项目"另存为"1080P25FPS"，使用鼠标右键单击该预设，单击"保存为用户默认配置"命令，如图2-35所示。

④项目创建完成后，在硬盘中是找不到工程文件的，需要在程序中单击"文件">"导出项目"，生成一个扩展名为".drp"的文件，用于在其他电脑的DaVinci软件中使用。本例中，设置完成后，单击"导出项目"并命名为"实例2-3"。

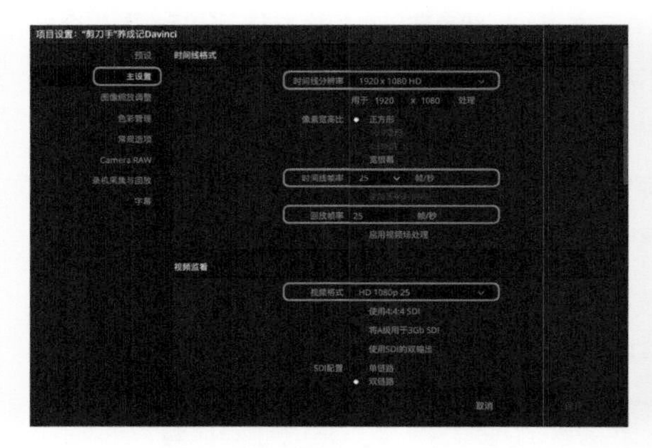

图 2-34

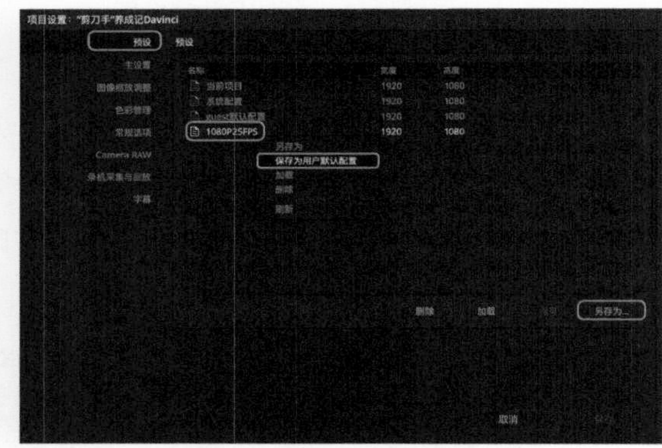

图 2-35

2.3.2 "媒体"工作区

进入程序后，首先看底部的六个工作区按钮，读者可以回忆一下之前介绍过的Pr软件，也有类似的工作区按钮，只不过是放在了顶部。随着学习的深入，会发现更多的类似之处，就像手机中的苹果系统和安卓系统，风格越来越统一，用一句时髦的话叫"审美趋同"。所以本书建议进行横向对比学习，殊途同归，只要掌握了基本原理，用什么软件实现都是类似的。

首先单击"媒体"按钮，该工作区主要用来导入和管理媒体素材，面板如图 2-36所示。

- **"媒体存储"面板**

该面板对应Pr 的"媒体浏览器"面板，这里调用的是操作系统自身的文件管理器，可以从这里找到硬盘上存储的媒体文件，但这里的文件还不能直接在软件中使用。

图 2-36

● “媒体池”面板

该面板对应Pr 的“项目”面板，将媒体文件从“媒体存储”面板拖动到该面板，即导入到剪辑软件中，可以编辑使用了。这里同样可以对媒体进行归类整理，在“媒体池”面板中单击鼠标右键，选择“添加媒体夹”命令（在“Master”侧边栏中显示“New Bin”，可能是汉化还不完整）或在“智能媒体夹”边栏中单击鼠标右键，选择“添加智能媒体夹”命令，如图 2-37所示。

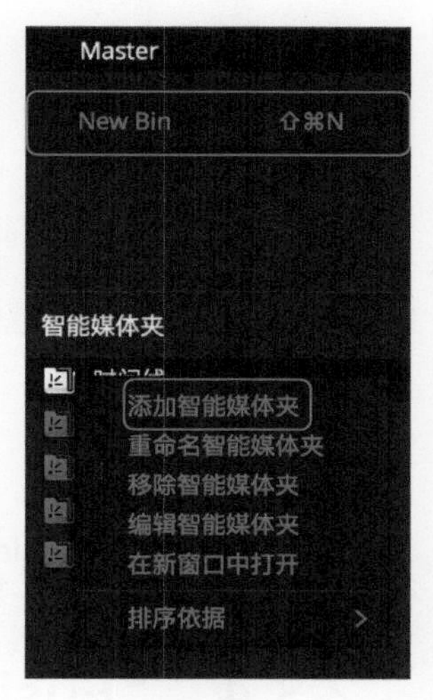

图 2-37

● “检视器”面板

该面板与之前介绍的类似，简单理解就是一个视频播放器，不再赘述。

● “元数据”面板

该面板主要用来显示媒体文件的相关属性参数，分辨率和帧速率等信息都可以在这里看到。

需要补充一下，该工作区与之前介绍的Pr “元数据记录”工作区面板基本一致，只是位置上进行了调整，由此可见在Pr中也可以把“元数据记录”工作区作为入口使用。

2.3.3 "剪辑"工作区

第二个按钮对应的"剪辑"工作区，如图 2-38所示，最初版本只能进行简单的剪辑操作，通常要使用其他专业软件进行套底（后面会详细介绍），但15.0版本已经非常强大了，直接在这里完成各种复杂的剪辑和效果一点问题都没有。

该工作区布局整体上和其他软件大同小异，主要包括"媒体池""时间线""检视器"等几大块，与之前介绍的相应面板基本一致，这里就不再重复了，具体操作在后面会进行详细介绍。

图 2-38

- **"时间线"面板**

该面板也称作"Timeline"，与 Pr 中的"时间轴"面板类似，是视频剪辑工作的"主战场"。

2.3.4 "Fusion"工作区

第三个按钮对应"Fusion"工作区，这也是15.0版本增加的新功能，目前还没有官方中文译名，这里可以简单理解为"效果"，主要是用来制作特殊效果，比如抠图、跟踪、粒子效果等。如图 2-39所示，工作区包含"Effects""Nodes""Inspector"等面板，"检视器"面板变成两个，用来对比前后调整变化。

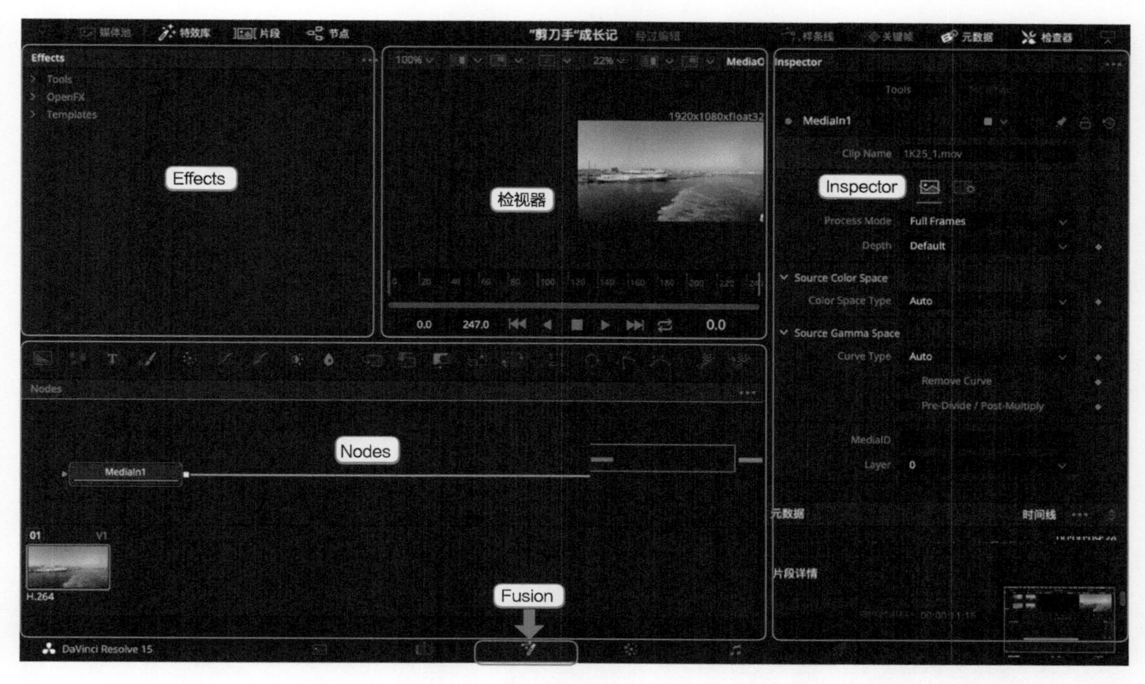

图 2-39

● “Effects”面板

该面板即“特效库”面板，在“剪辑”工作区时显示的是转场特效，在“Fusion”工作区时显示的是模糊、色彩、遮罩等影视特效。

● “Nodes”面板

该面板即“结点”面板，体现的是DaVinci Resolve的一个核心的“结点”思想，类似Photoshop软件中的“层”概念，感兴趣的读者可以进一步深入学习。

● “Inspector”面板

该面板即“检查器”面板，主要用来修改加载效果的具体参数。

2.3.5 “调色”工作区

第四个按钮对应的是“调色”工作区，这也是软件的核心工作区，如图 2-40所示。每次看到工作区的“调色轮”心里就很兴奋，调色真的会让人上瘾的，习惯了对影片调色之后，如果剪辑后不进行调色处理，感觉就像在“裸奔”。

工作区上部的几个面板已经介绍过了，这里重点介绍下部的两组面板。左侧的主要以调色工具为主，包括“Camera Raw”“色彩匹配”“色轮”“RGB混合器”“运动特效”“曲线”“限定器”“窗口”“跟踪器”“模糊”“键”“调整大小”“3D”等一共13个。右侧的主要以监视控制为主，包括“关键帧”“示波器”“信息”等面板，单击相应的按钮即可显示。这里就不再对每个面板一一介绍了，感兴趣的读者可以参考DaVinci调色方面的相关教程。

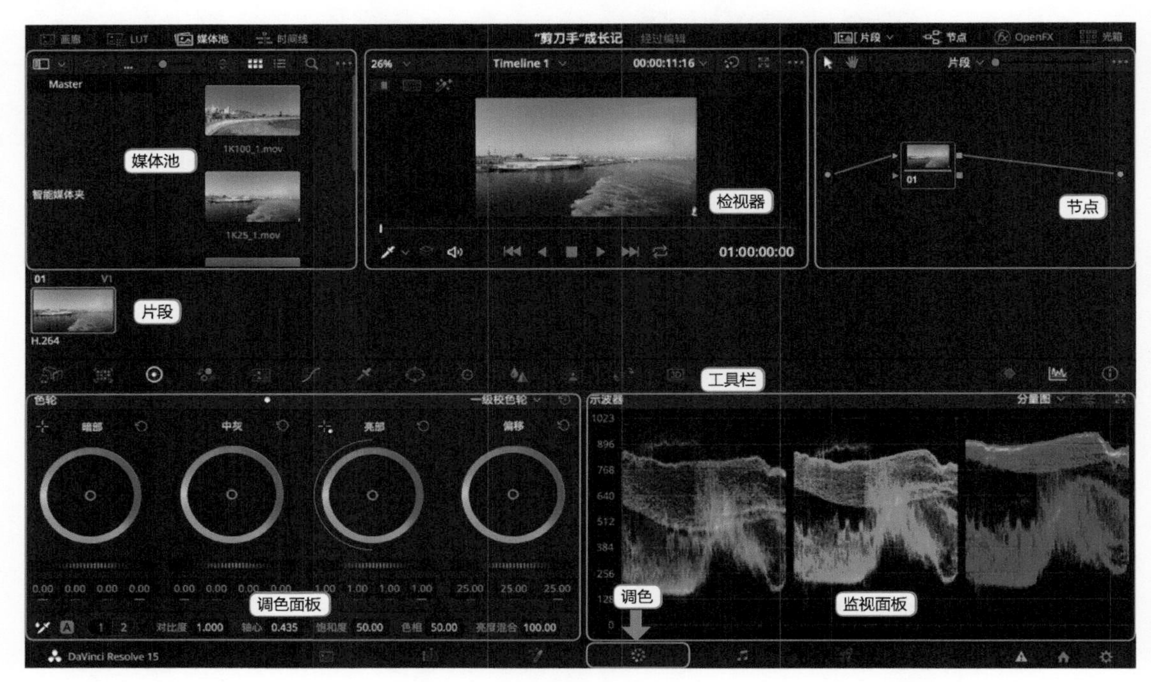

图 2-40

2.3.6 “Fairlight”工作区

第五个按钮对应的是“Fairlight”工作区，可以简单理解为“音频”工作区，如图 2-41所示，专业处理各类音频工作，主要包括“音频表”和“调音台”面板。

- **“音频表”面板**

该面板主要用来显示各音轨相关参数，便于直观调整。

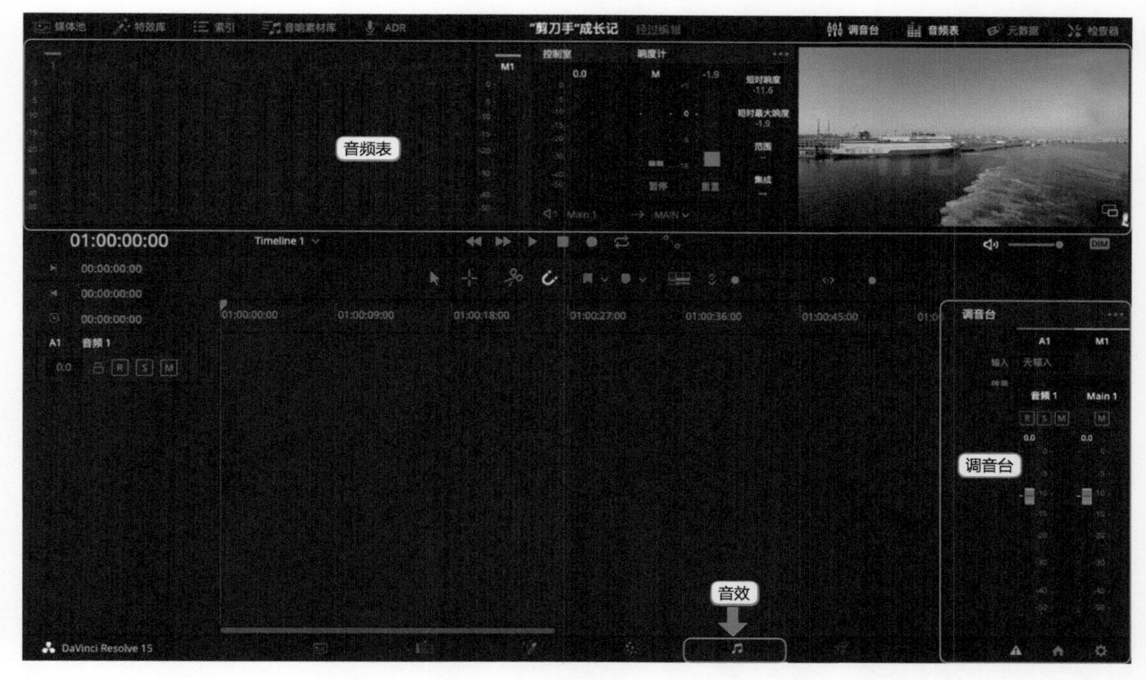

图 2-41

● "调音台"面板

该面板主要用来调整各音轨的音量大小、如图 2-42所示，还可以调整EQ等参数、添加音频效果，单击"效果"旁边相应轨道的加号，在弹出的菜单中查找添加。

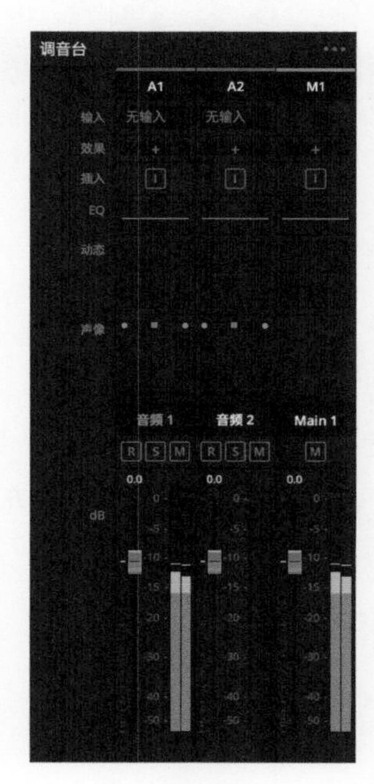

图 2-42

2.3.7 “交付”工作区

最后一个按钮对应的“交付”工作区，也就是最终视频的导出。如图 2-43所示，左侧是“渲染设置”面板，右侧是“渲染队列”面板。

图 2-43

- **“渲染设置”面板**

该面板用来设置最终导出作品的文件名、位置、输出格式、编解码方式等参数。

- **“渲染队列”面板**

渲染设置完成后，单击“添加到渲染队列”按钮，即可将任务显示在“渲染队列”面板中。单击“开始渲染”按钮，软件开始进行导出操作，完成后就可以在设置的导出位置中找到。

这是我家里养的一盆兰花，有个好听的名字，叫达摩兰，她开出的花朵就像仙子的面庞，静静欣赏让人顿生一种爱怜。

第3章

“剪刀手”初尝试——媒体导入

03

本章学习媒体素材的导入和整理。对于媒体素材的整理，一定要特别重视，虽然会花费很多时间，而且初期看不到明显成效，但是能够为后续剪辑打下良好基础。

媒体导入就是将视频、音频、图片等各种媒体素材导入到剪辑软件中，使之处于被编辑状态。通常剪辑软件是不会对媒体素材本身进行修改的，可以理解成这里只是建立了一种对应关系，或是理解成仅仅使用了副本、替身。

3.1 视频的采集

想导入视频，首先要把媒体文件从拍摄设备中导入到电脑硬盘或专业的磁盘阵列中，有些可直接复制，有些则需要通过视频软件采集，这样软件才能识别并调用。

3.1.1 磁带式

老一点的摄像机通常使用的是磁带式存储，类似录音带那种。这种存储在消费级摄像机市场已经淘汰了，仅有少部分专业摄像机仍在使用。磁带式有其自身特点，记录时间长、成本低，但是占用空间大，而且导入电脑时比较麻烦，需要专门设备，边播放边采集，相当于重新翻录了一遍（这也是通常所说的视频采集过程。说起来还真是挺怀念那段时光，特别是操作磁带录取的机器，感觉就像DJ在打碟）。

3.1.2 存储卡式

当前摄像机主要使用的是各类存储卡，想要导入电脑也比较简单，直接将存储卡从设备上取出，插到电脑存储卡槽中或通过读卡器连接到电脑上，然后进行复制、粘贴。这里有两点需要特别注意，一是正确插拔，一定要从系统中弹出存储卡后再拔下存储卡（可能经常会遇到提示被占用而无法弹出的情况，但笔者也不建议直接拔卡，可以对系统注销或关机后再拔卡，避免对存储卡损伤）；二是如果插入到Windows系统，提示“是否修复”时，一定要选“否”，否则可能会把你辛辛苦苦拍摄的内容全都变成乱码而无法使用。

3.1.3 直连式

有些设备可以通过USB接口直接连接电脑进行复制，如果插到电脑上没有反应，可以尝试打开设备电源。大部分设备可以直接识别出来，少部分需要安装设备厂家的驱动和软件（只要按照设备说明书进行操作就可以了）。

3.2 Premiere Pro CC

之前在进行软件界面介绍时已简单提过，可以从"元数据记录"工作区或"组件"工作区进行导入，当然也可以在"媒体浏览器"面板上直接单击鼠标右键导入。

3.2.1 "元数据记录"工作区导入

这里可以将媒体素材直接导入，如果某段素材拍摄较长，也可以截取其中的某一段导入，这样能大大提高后期剪辑效率。

- **媒体素材直接导入**

①打开"元数据记录"工作区（找不到的记得单击折叠菜单按钮»）。

②在"媒体浏览器"面板中找到硬盘文件夹中的媒体素材。

③选择素材文件，可以单选，也可以使用【Ctrl】键（Mac【Command】键）或【Shift】键配合鼠标多选，或者使用【Ctrl】键（Mac【Command】键）+【A】键全选。

④将选择的素材拖动到"项目"面板。

- **媒体素材的部分片段导入**

①打开"元数据记录"工作区。

②找到媒体素材。

③双击某段视频素材。

④在"源监视器"的工具栏中单击"{"和"}"按钮（快捷键对应为【I】和【O】），选择视频的入点和出点。

⑤从"源监视器"面板上拖动到"项目"面板。

实例3-1

打开“实例2-1”建立的项目，按照图 3-1所示的操作方法，将本书素材提供的“HD”开头的素材文件导入，文件另存为“实例3-1”。

图 3-1

技巧放送

“源监视器”按钮可能如图 3-2 所示，“{”按钮被折叠了。通常使用快捷键【I】/【O】，或者单击“+”按钮，调整成如图 3-3 所示。

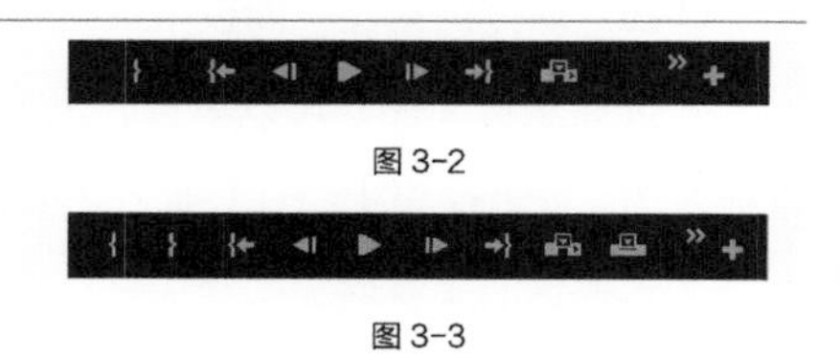

图 3-2

图 3-3

3.2.2 “组件”工作区导入

这是软件官方介绍的视频导入方法。

①打开“组件”工作区。

②单击“媒体浏览器”面板，找到媒体素材文件。

③选择需要的媒体素材（可以多选）。

④在媒体素材上单击鼠标右键，单击“导入”命令，这样就导入到“项目”面板中，成为软件可以

编辑使用的媒体片段。

通过对比可以看到，之前介绍的“元数据记录”工作区导入方法，“项目”面板和“媒体浏览器”面板都是同时打开的，只需进行简单拖动即可完成，非常直观。“组件”工作区除上述操作之外，还可以将媒体素材直接拖动到“时间轴”上，软件会自动完成导入，读者可以根据使用习惯选择。

实例3-2

使用“实例3-1”，按照图 3-4所示方法，导入以“4K”开头的学习素材，另存为“实例3-2”。

图 3-4

3.2.3 媒体素材整理

媒体导入后需要进行分类整理。可能对个人用户而言，素材比较少，体现不出整理的重要性，但如果是剪辑影片，或是制作综艺节目时，数据量会是非常庞大的，如果素材整理不好，大部分时间都会浪费在查找和选取素材上。说到这也勾起了我的回忆，回想当年跟师傅学徒时就是从整理素材开始的，当时还认为师傅不想教本事，现在回过头来想想，正是看过了海量的视频，才知道如何挑选里面需要的那根“针”，不知道其他专业的“剪刀手”们有没有类似的经历。

● 素材箱

在"项目"面板空白处单击鼠标右键，在弹出的菜单中选择"新建素材箱"命令，如图 3-5所示，会出现一个文件夹图标，设定好名称，例如"HD视频"，然后把需要整理的媒体文件选中并拖入其中。

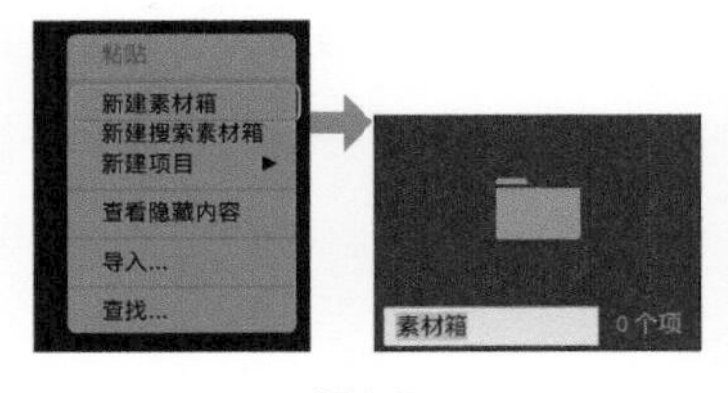

图 3-5

实例3-3

使用"实例3-2"，在"组件"面板中新建一个名为"HD视频"和一个名为"4K视频"的素材箱（文件夹），将"HD"开头素材片段和"4K"开头的素材片段分别拖入各自的素材箱中。这时"项目"面板中只剩两个素材箱，如图 3-6所示，另存为"实例3-3"。

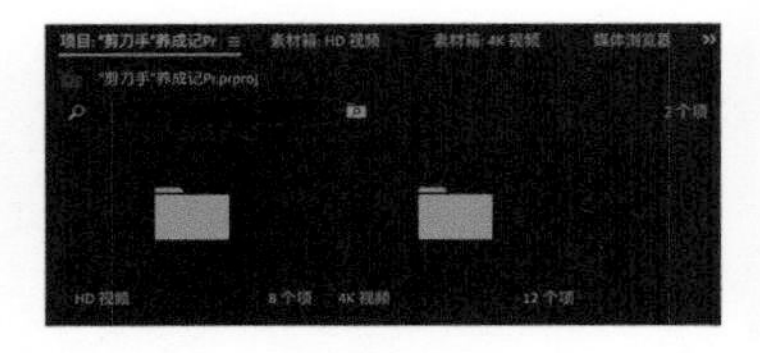

图 3-6

如果想查看"素材箱"中的媒体片段，需要双击该"素材箱"，此时会打开一个以该素材箱命名的面板，如图 3-6所示的"素材箱：HD视频"和"素材箱：4K视频"，媒体片段分别放在其中。当然，没有整理到素材箱中的媒体片段还在"项目"面板里面。

● 搜索素材箱

还有一个更高级的功能——"新建搜索素材箱"，这是一种自动整理的方式，只需要把归类的条件设定好，符合该条件的媒体素材会自动纳入其中。

在"项目"面板空白处单击鼠标右键，单击"新建搜索素材箱"命令，弹出"创建搜索素材箱"对话框，设置搜索条件，单击 "全部元数据"下拉列表，可设置很多选择条件，如图 3-7所示。设置好搜索类型之后，在文本框中输入搜索内容，比如选择"名称"后设置为"HD"，这样就能把素材片段名称带有"HD"的都纳入其中了。中间的"与"下拉列表单击后可以选择 "或"，是指同时满足两行的条件，还是只满足其中一行的条件即可。

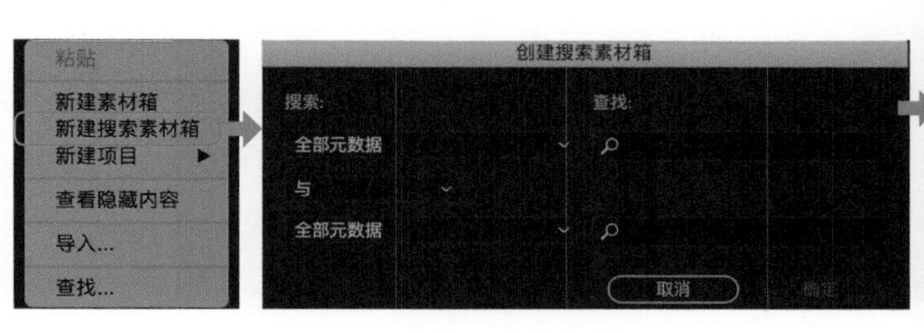

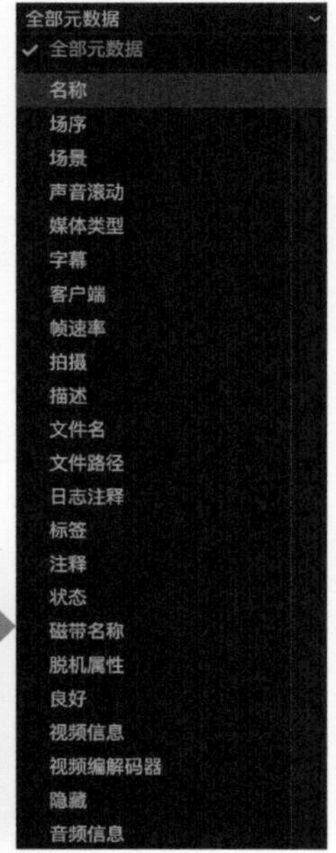

图 3-7

实例3-4

使用“实例3-2”，在“组件”面板空白处单击鼠标右键，选择“新建搜索素材箱”命令，在“创建搜索素材箱”面板中，设置“搜索”条件为“名称”、“查找”内容为“HD”。用同样的方法，创建另一个“新建搜索素材箱”，设置“搜索”条件为“名称”、“查找”内容为“4K”，创建完成后如图 3-8所示。“名称：HD”中包含8个片段，“名称：4K”中包含12个片段，总计20个片段都包含其中了，另存为“实例3-4”。

注意这里与“素材箱”整理不同的是，媒体片段并不会从“项目”面板中移动到“搜索素材箱”中，也不是把所有的媒体片段又复制了一遍，只是建立了一种对应关系，读者可以随意地、放心地设置使用。

图 3-8

技巧放送

这里还有一种更为快捷的创建“搜索素材箱”的方法，在“项目”面板的搜索框中，输入搜索条件，然后单击旁边的“从查询创建新的搜索素材箱”，创建完成，如图 3-9 所示。

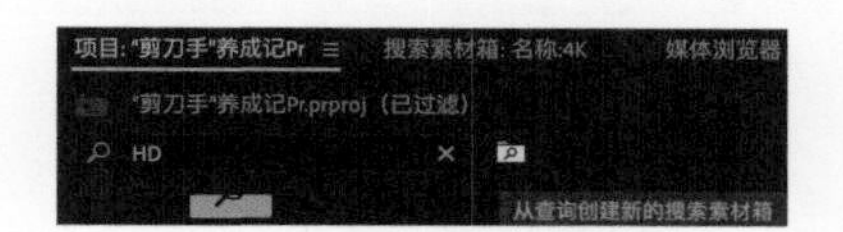

图 3-9

3.2.4 “收录”操作

这里重点说一下“媒体浏览器”中的“收录”功能，很不起眼的一个按钮，却有很大一片天地。“收录”其实相当于在导入视频的同时，进行复制或者生成代理视频等操作，本来用处比较大，可是这个按钮设计得太隐蔽了，如图 3-10所示。注意，“收录”右侧那个扳手图标是“项目设置”，收录设置也在这里，单击展开，设置相关参数后，将“收录”选项勾选，即可自动完成。

图 3-10

单击扳手图标，弹出“项目设置”对话框（在新建项目章节提到过），如图 3-11所示，单击“收录设置”面板，勾选“收录”选项，右边的下拉列表即变为可选项。单击下拉列表，可以看到“复制”“转码”“创建代理”“复制并创建代理”四个选项。通过名称基本可以明白选项的意思，就是在将原始媒体素材导入Pr的同时，对素材进行相应的操作。注意“收录”会复制或创建新的转码媒体文件，所以使用时需要占用硬盘空间。

● 复制

可以将媒体素材复制到一个新位置。例如，从外置读卡器或移动硬盘等设备上导入时，首先在“收录设置”中将“收录”选择为“复制”，然后在“主要目标”下拉列表中选择复制视频的位置，如图3-12所示。返回“媒体浏览器”面板后，“收录”选项已经同步勾选上，这样在导入视频的同时，会在指定文件目录中生成媒体素材的副本。在媒体完成复制后，项目中的剪辑将指向这些文件的副本。

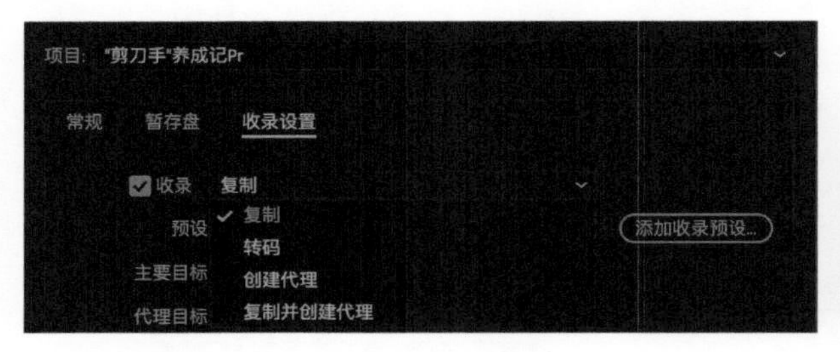

图 3-11

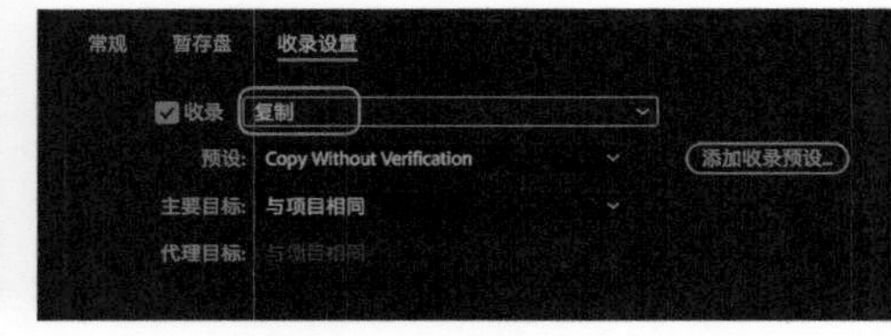

图 3-12

● 转码

可以将媒体素材转码为一种新格式，保存在一个新位置。通常家用摄像设备存储的素材已经是经过压缩的格式，如果选择不好反而会使视频文件更大，而且影响视频质量，所以通常不用设置。专业设备拍摄的视频需要进行转码以便压缩体积，便于剪辑，并且可以被更多剪辑软件或播放器识别。同样，使用时在“收录”下拉列表中选择“转码”，在“预设”中设置视频格式，如图 3-13所示，这里需要一定的专业知识，入门读者不用深究。在“主要目标”中设置好路径，导入的同时将会按照设定的编码格式完成转码工作，并存储到设定的路径中，项目中的剪辑将指向这些文件转码后的副本。

● 创建代理

可以创建代理视频素材并将其连接到媒体。在编辑期间通常使用这一功能来创建较低分辨率的代理剪辑，比如把4K视频创建成1080p或更低分辨率的视频，从而便于在软件中进行剪辑操作，提高实时渲染速度，剪辑完成后，仍然使用原始素材进行最终输出，保证视频质量。操作时，首先在“收录”下拉列表中选择“创建代理”，然后在“预设”中选择生成代理的视频格式（视计算机性能而定），最后在“代理目标”中选择路径位置，如图 3-14所示。创建代理对高分辨率视频处理是非常重要的，可以减少硬件投入，使编辑过程更加顺畅，在第7章中会详细介绍。

图 3-13

图 3-14

● 复制并创建代理

简单从字面上就可以理解，是复制和创建代理同时进行，操作时首先从“收录”下拉列表中选择“复制并创建代理”，然后在“预设”中选择生成代理的视频格式，在“主要目标”中设置复制媒体素材文件路径，在“代理目标”中设置代理媒体素材文件路径，如图 3-15所示。

图 3-15

实例3-5

①打开“实例2-1”，打开“媒体浏览器”面板，单击“收录”旁边的扳手图标，勾选“收录”选项。

②“收录”下拉列表中选择“复制”，位置选择该文件夹下新建的“收录”文件夹，单击“确定”按钮。在“媒体浏览器”面板选择“4K50_1”并导入，这时，软件会自动调用Media Encoder CC，并在“收录”文件夹中自动复制一个“4K50_1”的副本。

③同理，将收录设置为“转码”，预设选择“Match Source -H.264 High Bitrate”，将“4K50_2”导入，这时会调用Encoder创建一个H.264的转码文件并放置在“收录”文件夹中。

④继续，将收录设置为“创建代理”，预设选择“1024×540 Apple ProRes 422（Proxy）”，并将“4K50_3”导入，这时会在导入同时，创建一个名为“4K50_3_Proxy”的副本。

⑤最后，选择“复制并创建代理”，导入“4K50_4”，预设选择“Copy & 1024×540 Apple ProRes 422（Proxy）”在“收录”文件夹中会创建一个副本和一个代理副本。

⑥全部完成后，可以将“收录”文件夹中的副本（图 3-16）和原始素材文件进行比较。实例另存为“实例3-5”。

4K50_1.mov

4K50_2.mp4

4K50_3_Proxy.mov

4K50_4_Proxy.mov

4K50_4.mov

图 3-16

3.3 Final Cut Pro X

转换一下思路，接下来介绍FCPX软件的导入方法。单击“文件”>“导入”>“媒体”，或者单击工作区左上角的“媒体导入”按钮（下向箭头），如图 3-17所示，即可打开“媒体导入”工作区。

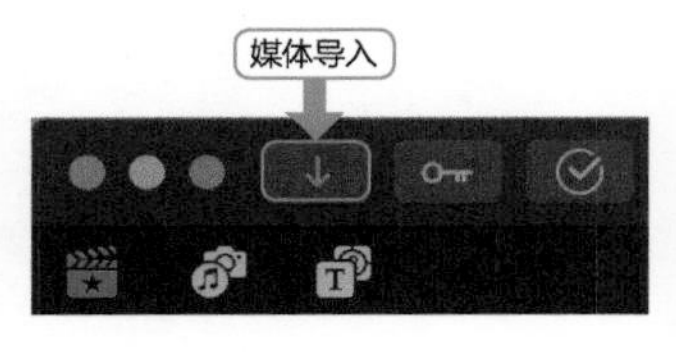

图 3-17

3.3.1 “媒体导入”工作区

“媒体导入”工作区如图 3-18所示，整体上理解，主要是从电脑硬盘或外部设备中找到媒体素材，然后按照最右侧面板的设置，将媒体素材导入到软件中。该工作区主要分为“导入设备”“媒体预览”“导入设置”三个面板。

图 3-18

● “导入设备”面板

工作区左侧是“导入设备”面板。FCPX支持的设备种类非常丰富，对之前介绍的磁带式摄像机、各类存储设备和各类家用摄像设备等都有很好的支持。特别是如果插入iPhone手机，在该处就会出现手机名称，直接单击即可查看手机中的各种媒体文件，这种感觉是非常畅快的。

● “媒体预览”面板

工作区的中间区域整体可称为“媒体预览”面板，上半部分是播放器，播放当前选中的媒体素材，中间是媒体位置工具条，下半部分是媒体文件目录列表。当“导入设备”面板中选择好需要导入的设备后，在“媒体预览”面板中会出现设备里的媒体素材，不同设备的界面可能会略有不同。在该面板进行媒体选择，当然也可以多选。

技巧放送

操作时注意中间的媒体位置工具条。如果选择的是硬盘设备，则工具条上会出现文件夹下拉列表；如果选择的是 iPhone 手机，工具条右侧还会出现媒体类别下拉列表，如图 3-19 所示。

图 3-19

● “导入设置”面板

该面板主要用来设置导入操作的相关参数，功能比较多，而且直接影响导入操作结果。下面进行详细介绍。

“添加到现有事件”如图 3-20所示，意思是把准备导入的素材放到哪个“事件”里，之前已经介绍“资源库”“事件”和“项目”的关系，忘记的读者可以回到前面再看一下。其实“事件”就相当于一个菜篮子，把各种素材往里面装。

“创建新事件，位于”如图 3-20所示，在这里可以选择新建一个“事件”，“位于”指的是放到哪个“资源库”中，下面的文本框中可以填写新建事件的名称。需要注意的是，并不是每次导入素材都新建一个“事件”，也没有必要通过这种方法来整理素材，可以在主工作区中用关键词来整理，后续会详细介绍。

“文件”如图 3-21所示，栏目中有两个选项。如果媒体素材本身就在电脑硬盘上，选择“让文件保留在原位”即可；如果在外置存储卡或外置硬盘上，为了便于剪辑可以选择“拷贝到资源库”。外部文件在导入同时，会在“资源库”文件包的“Original Media”文件夹中创建副本（通过文件包右键菜单中的“显示包内容”查看）。

“关键词”如图 3-21所示，其中有两个选项，可以多选，默认选择“从文件夹”，这样会自动将媒体文件所在的文件夹名称填入“关键词”中，便于后期整理。“从‘访达’标记”意思是调用操作系统文件管理时添加的关键词，“访达”在Mac系统中就相当于Windows系统的“资源管理器”，是其英文名“Finder”的音译。

"音频角色"如图 3-21所示，栏目在其"分配角色"下拉列表框中，可以选择"自动""对白""效果""音乐"（细心的读者是不是觉得似曾相识，在之前介绍Pr"音频"工作区时也有类似内容，逐步还会发现更多相似内容，本书也希望读者经过学习后，能够做到触类旁通）。另一个选项"分配iXML轨道名称（若可用）"需要通过录音设备设置，这里默认即可。

"转码"如图 3-21所示，其中有"创建优化的媒体"和"创建代理媒体"两个选项。前面也已经介绍过类似内容，如果处理的是高清视频且电脑配置较高，这里可以不用选择。如果处理4K以上高分辨率视频，可以进行勾选。两者都是对视频进行转码处理，不会影响原始视频，但会占用一定的存储空间，后续会进行详细讲解。

"分析并修正"如图 3-22所示，主要是一些智能化处理项目，这是新版特色，也非常实用。这里有个简单的勾选原则，"分析"和"创建"类的都可以勾选，"修正"类的都可以取消，比如后三个音频相关选项可以取消勾选。因为自动修正结果可能并不是想要的效果，而且导入后仍然可以根据需要进行处理。

"开始导入后关闭窗口"和"导入所选项"如图 3-22所示。这两个需配合使用，当从多个位置或设备上导入媒体时，首先取消勾选"开始导入后关闭窗口"，然后单击"导入所选项"按钮，这样导入后"媒体导入"工作区也不会消失，便于继续操作；当进行最后一个素材导入时，将"开始导入后关闭窗口"勾选，然后单击"导入所选项"按钮，这样导入后即可进入主工作区界面。

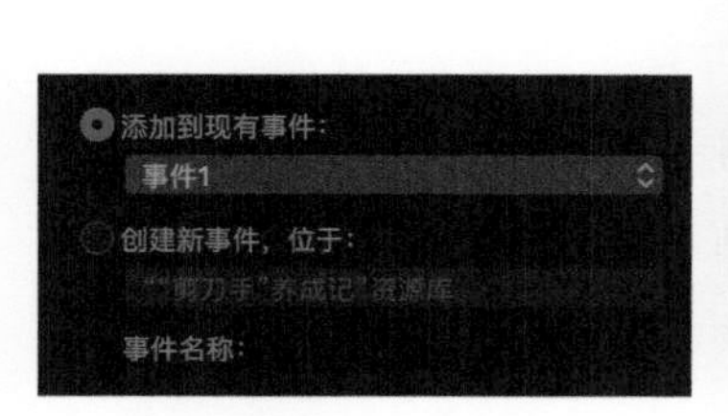

图 3-20

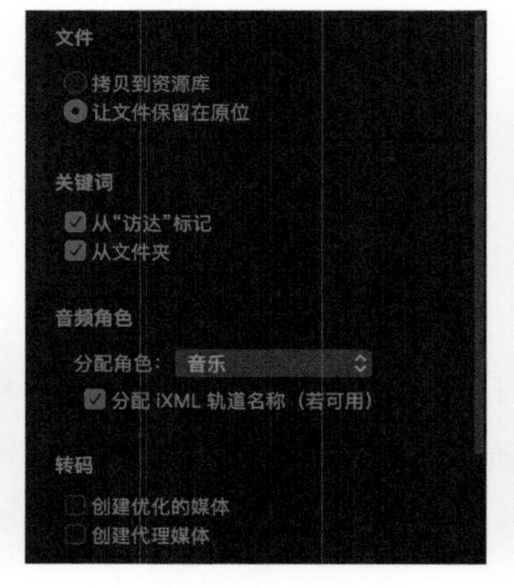

图 3-21

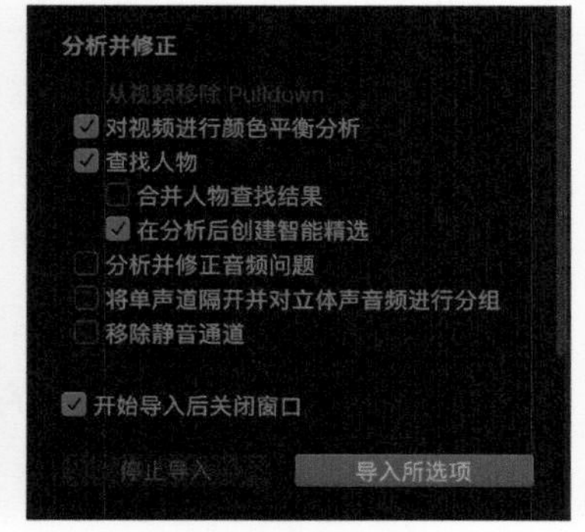

图 3-22

实例3-6

打开"实例2-2"创建的"'剪刀手'养成记FCPX"资源库，单击"媒体导入"按钮（快捷键【Command】+【I】），将学习素材全部选中，参数设置默认即可，完成导入。在"'资源库'边栏"面板中将"事件1"修改为"实例3-6"。

3.3.2 媒体素材整理

完成导入后，媒体素材会出现在主工作界面的“‘资源库’边栏和浏览器”面板中，称之为“片段”。首先要对其进行整理，否则想找的找不到，找到的用不了，绝对是一种灾难。整理的方法有很多，这里先介绍“智能精选”（因为确实非常好用，能有效提高效率），再介绍“关键词精选”。

● 智能精选

首先，在“资源库”中的“事件”名称上单击鼠标右键（或者【Control】键+鼠标左键），在弹出的菜单中选择“新建智能精选”命令，如图3-23所示；设置一个名称，然后在其上双击，会弹出一个对话框，需要在其中设置选择媒体片段的约束条件。左上角列表选择“全部”或者“任一”（意思是满足对话框中列出的全部条件，还是任意一个条件）。单击“+”按钮，在弹出的列表中选择约束条件和内容。

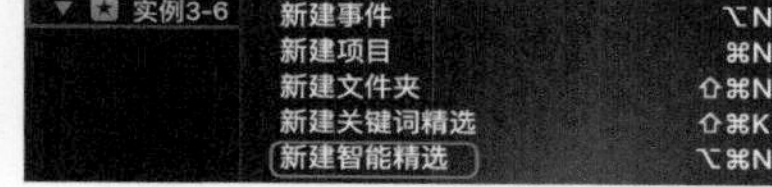

图 3-23

实例3-7

①在“‘剪刀手’养成记FCPX”资源库边栏上单击鼠标右键，选择“新建事件”命令，在弹出的窗口中，设置“事件名称”为“实例3-7”，如图 3-24所示。

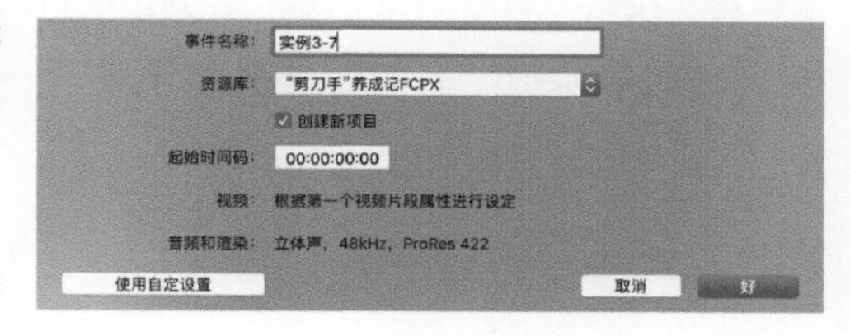

图 3-24

②单击“实例3-6”，使用快捷键【Command】+【A】选择之前导入的全部媒体片段，拖动至“实例3-7”事件上，不要松开，按【Option】键，当出现绿色加号按钮时，松开鼠标左键，松开【Option】键，如图 3-25所示，将导入的全部片段都复制到新的事件中。

③在事件“实例3-7”上单击鼠标右键，选择“新建智能精选”命令，并命名为“智能4K”。双击该智能精选，在弹出的窗口中添加一个约束条件，如图 3-26所示。依次选择“文本”“包括”“4K”，这样就完成了一个“智能精选”的创建。

读者可尝试用同样的方法，在“实例3-7”事件中，继续创建一个名为“智能HD”（提示：“文本”“包括”“HD”）和一个名为“智能50帧”（提示：“格式”“视频帧速率”“包括”“50”，如图3-27所示）的“智能精选”。在设置约束条件同时，软件会在浏览器面板上动态显示结果。建议读者尝试一下，非常有意思。

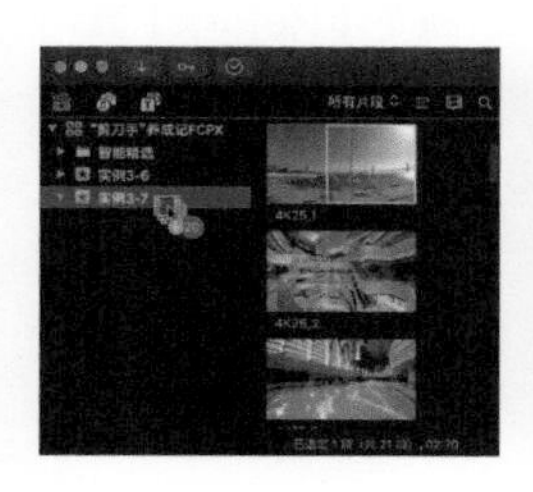

图 3-25

图 3-26

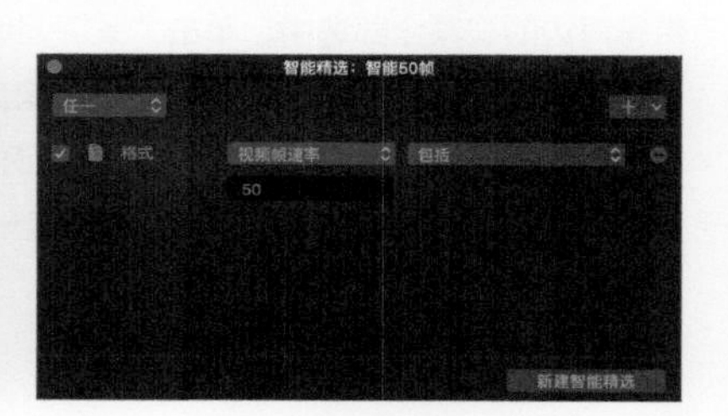

图 3-27

回头再看一下，软件已经在“资源库”中自动生成了“个人收藏”“仅音频”“静止图像”“所有视频”“项目”等智能精选，如图 3-28所示，可以直接单击使用。

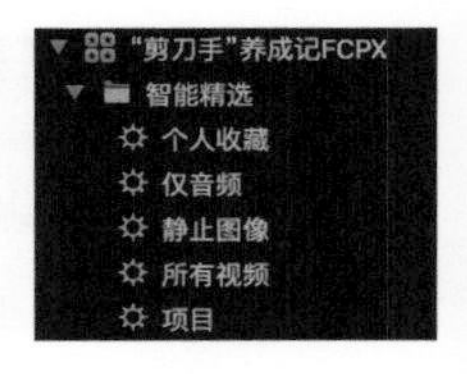

图 3-28

关键词精选

“关键词精选”简单理解就是给媒体片段增加一些注释关键词，通过关键词来整理、归类，关键词可以相互交叉重复。创建“关键词精选”的常用方法有两种。

一种方法是在“事件”上单击鼠标右键，单击“新建关键词精选”命令，如图3-29所示，然后输入关键词名称，回到“事件”中，将想要归类的媒体片段选中（可多选）并拖动至关键词上，这样，就为选中的视频添加了关键词并进行了归类整理。需要说明的是，这里并不像Pr，关键词归类后，媒体片段不会在“事件”中消失，关键词删除后，也不会影响媒体片段。

另一种方法是鼠标左键单击“事件”，选中希望归类的媒体片段，单击主工作区左上角的“关键词编辑器”按钮，如图3-30所示；在弹出的窗口中添加关键词文本，按【Return】键确认，会进入第一个“关键词快捷键”文本框，如图3-31所示；关闭后，软件会自动在“资源库”中生成一个“关键词精选”，并将相关媒体片段归类其中。

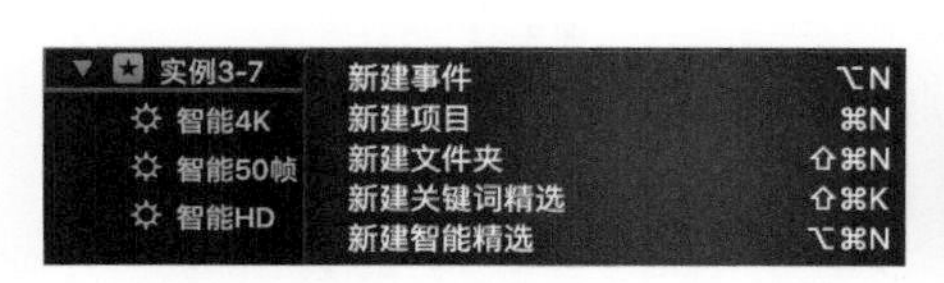

图 3-29

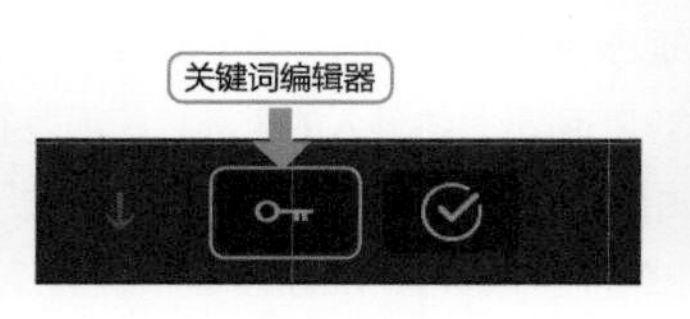

图 3-30

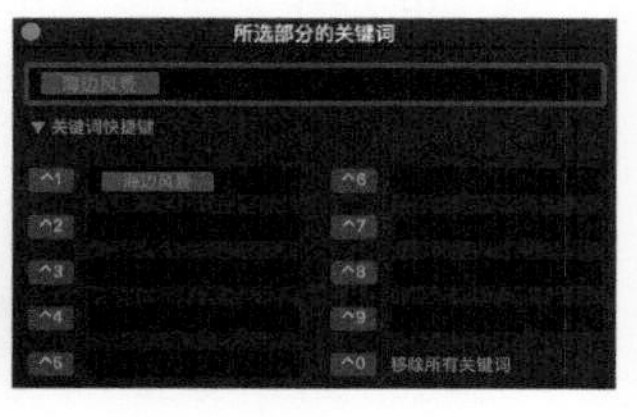

图 3-31

实例3-8

这里继续使用“实例3-7”事件。首先在资源库浏览器中单击事件“实例3-7”，配合【Command】键，将带有海边的视频全部选中，单击“关键词编辑器”按钮，在弹出的窗口中输入“海边风景”，按下【Return】键，关键词便进入第一个文本框中。关闭该窗口，看到在“资源库浏览器”中，新增了一个“海边风景”关键词，如图3-32所示。单击该项，即可在右侧出现刚刚选中的所有带有海边风景的视频。使用同样方法，选中全部航拍的视频片段，继续创建一个名为“航拍”的关键词精选。

图 3-32

技巧放送

通常只要是媒体片段自身元数据中的参数，都可使用“智能精选”进行归类；对于画面内容等难以由软件自动识别的可以使用“关键词精选”进行归类。“智能精选”和“关键词精选”都是可以交叉引用的，就是同一个媒体片段可以归到多个类别中。把关键词归类到文件夹中或删除等编辑操作，不会影响到媒体片段。

- **文件夹**

注意，这里的文件夹并不是用来整理媒体片段的，而是整理“智能精选”和“关键词精选”的。之前已经提到过，新建一个文件夹，尝试将媒体片段选择并拖入其中，可能发现无法拖入；而换一种方式，将相关“智能精选”和“关键词精选”拖入其中，就可以完成。既然视频片段无法直接添加到文件夹中，为什么说文件夹也是整理媒体片段的一种方法呢？单击某文件夹，可以看到，满足条件的所有片段都会在“资源库浏览器”中出现，所以通过改变其包含的关键词等条件，同样可以实现整理媒体片段的目的。

实例3-9

继续使用事件“实例3-7”。使用鼠标右键单击该事件，在弹出的菜单中选择“新建文件夹”命令，命名为“关键词分类”，将“实例3-8”创建的“海边风景”和“航拍”关键词拖入其中，如图3-33所示。

图 3-33

3.4 DaVinci Resolve 15

有了前面两款软件的基础，再来看DaVinci就比较简单了。

3.4.1 媒体导入工作区

如图3-34所示，首先在最下方单击“媒体”工作区按钮，然后在左上方的“媒体存储”面板中，找到并选中需要导入的媒体素材，拖动至下方的“媒体池”中，完成导入操作。选择全部视频时可以采用鼠标拖曳选择或者按快捷键【Ctrl】（Mac【Command】）+【A】。

图 3-34

实例3-10

打开 "实例2-3" 创建的项目（直接在程序的"项目管理器"（"文件">"项目管理器"）中打开，也可以双击之前导出的"实例2-3.drp"文件打开）。在"媒体管理器"中找到随书提供的全部学习素材，全部选中并拖入到"媒体池"中，完成导入工作。单击"文件">"另存项目"，在弹出的窗口中将项目命名为"实例3-10"。将项目导出，单击"文件">"导出项目"，命名为"实例3-10"。

3.4.2 媒体素材整理

有了前面的基础，这里学习起来就是so easy了。同样如图3-34所示，"媒体池"的侧边栏又分成上下两个部分，上部分的"Master"是文件夹整理方式，下部分的"智能媒体夹"是智能整理方式，操作方法与Pr类似，这里就不赘述了，留给读者自己完成。

实例3-11

①打开"实例3-10"，在"Master"面板空白处单击鼠标右键，选择"New Bin"命令，并将其命名为"室内"，如图3-35所示。在媒体池中会出现一个"室内"文件夹，将4K25_2和4K25_3两个媒体片段选择并拖入其中，完成整理工作，这时可以在侧边栏上单击"室内"目录进行查看，也可在媒体池中双击"室内"文件夹进行查看。

②在智能媒体夹面板空白处单击鼠标右键，选择“添加智能媒体夹”命令，在弹出的设置窗口中，将“名称”设置为“视频”，“匹配”设置为“任一”，第一个下拉列表选择“媒体池属性”，第二个下拉列表选择“片段类型”，第三个下拉列表选择“是”，第四个下拉列表选择“视频”；然后单击后面的“加号”按钮，再添加一个搜索条件，并将最后一个下拉列表选择为“视频+音频”，如图3-36所示（这里“视频”指无声音片段，“视频+音频”指有声音片段）。匹配条件“任一”指满足这两个条件中的任何一个即可，这样将导入的视频片段全部选中。设置完成后单击“OK”按钮。项目另存为“实例3-11”，导出为“实例3-11”。

图 3-35

图 3-36

3.4.3 克隆工具

在工作区左上角有一个“克隆工具”按钮，主要用来对媒体素材进行复制。单击该按钮后，会弹出“克隆作业”面板，从“媒体存储”面板中选择待复制文件夹，拖动到“源”，然后选择要复制到的文件夹并拖动到“目标”，单击“克隆”按钮即可完成，如图3-37所示。

图 3-37

3.4.4 媒体文件管理

“媒体文件管理”是一个集成式媒体文件管理窗口。若要对媒体素材进行操作，首先在“媒体存储”面板中将待处理文件选中，然后单击菜单中的“文件”>“媒体文件管理”，弹出窗口如图3-38所示。上面的三个按钮“整个项目”“时间线”“片段”分别表示待操作的媒体片段范围。第二行“复制”“移动”“转码”三个按钮按照其文字意思即可理解，表示媒体文件的操作方式。单击“媒体文件目标位置”下面的“浏览”按钮，选择要输出到的目标文件夹位置。接下来的“复制所有媒体文件”和

"仅复制已使用的媒体文件"要和最上面媒体片段范围的"整个项目""时间线""片段"三个按钮配合起来，准确圈定操作的片段范围。后续选项按照文字提示做好相应的选择，底部会出现前后文件大小对比。全部设置完成后，单击"开始"按钮即可。

图 3-38

实例3-12

新建项目"实例3-12"，导入并选择"HD100_1""HD100_2""HD100_3"三个媒体片段（尝试使用智能媒体夹方式，提示："文件名""包含HD100"），单击"文件">"媒体文件管理"，选择"片段""转码"，在"目标位置"的"浏览"中找到视频文件导出位置，然后注意选择"对所有媒体进行转码"选项。虽然这里说的是所有媒体，但由于顶部选择了"片段"，所以这里的"所有"指的是刚刚选中的全部3个片段，如果选择"对使用媒体进行转码"指的是这三个片段中已经加入时间线中使用的。"视频编解码器"选择"H.264"，单击"开始"按钮，完成后在目标文件夹中查看。这里也是给读者拓展了一种视频文件转码的方法。最后保存并导出项目"实例3-12"。

综合以上学习内容，进行一下简要回顾与复习。通过三款软件的类比学习，可以看到，导入过程就是将媒体素材从外部设备导入到剪辑软件中。软件通常会有一个外部资源管理器面板和导入后的媒体片段管理器面板，导入过程就是建立一个对应关系。在媒体片段管理器面板上对导入后片段的整理和剪辑等操作不会影响原始媒体素材，但是在外部资源管理器面板上的操作是直接针对源文件的，进行删除等操作时会有提示。整理素材通常有文件夹或关键词方式归类，也有智能搜索方式归类。三款软件都可以对源媒体素材进行复制、转码、创建代理等操作。

这是在云南普者黑拍摄的一张照片，是《三生三世十里桃花》的外景地，这里几乎浓缩了想象中的所有美好景色。做剪辑的最大快乐也是能体验各种丰富多彩的生活。

第4章

“剪刀手”走上台——影片剪辑

04

从现在开始可以说是正式开“剪”。本章主要介绍视频和音频的剪辑操作，包括一些剪辑工具的使用，以及剪辑的思路、方法和技巧，比如三点剪辑法、J型和L型剪辑法等。

做一个“剪刀手”很简单吗？从成百上千个镜头中发现自己所需要的，掌控每一个媒体片段什么时候进、什么时候出、哪里加转场、哪里加特效，可不是那么容易就能上手的。做一个“剪刀手”很难吗？我的师傅，如今已年过半百，还坚守在剪辑一线，看他的操作，只是重复地将媒体片段剪开、连接，剪开、连接，甚至都不使用转场效果，但是效果非常棒，所以剪辑也没什么好难的。

“剪刀手”很重要吗？如果有脚本、有素材，我们只需要对照操作，就像流水线上的一台机器。“剪刀手”不重要吗？同样的素材，可以正叙、可以倒叙、可以插叙，要思考什么时候留、什么时候走，要决定保留什么动作、什么表情，这些能不重要吗？

那么剪辑到底好不好学？我认为，从剪辑操作上来说，真的不难，学完本章内容，基本可以亲自操刀完成作品。可是要从艺术角度看，如果想让观众在润物细无声中有身临其境的感觉，那就真的需要时间的沉淀和积累了。

4.1 新建时间线

每一款视频剪辑软件都有一个“时间线”（也称作“时间轴”等）面板，这是视频剪辑的核心操作面板，剪辑过程简单说就是把媒体片段按照一定顺序排列到“时间线”上的过程。这里需要初学者理解的是时间线是按顺序播放的，但是并不代表剪辑的视频也一定要按照时间顺序来剪，讲述故事的方式可以是多种多样的（感兴趣的读者可以研究一下与剪辑艺术相关的书籍）。

下面首先来创建一个“时间线”，方法有很多，这里主要介绍两种。一种是通过导入的视频片段来创建，这也是较为推荐的方法，简单、快捷、少出错；另一种是通过菜单新建。

4.1.1 通过视频片段创建

这里又可以细分为两种操作，虽然思想都是一样的。

第一种是选中与想要创建影片格式相同的媒体片段，意思就是最终影片的输出格式与哪个视频片段相同，将其直接拖动到新的“时间线”面板上，即可完成创建工作，同时该媒体片段自动添加到时间线上。这种操作避免了复杂的参数设置，还能跟所选视频格式保持一致（三款软件操作相同）。

另一种是在需要创建基准时间线的视频片段上单击鼠标右键，Pr 中单击“从剪辑新建序列”命令，DaVinci中单击“使用所选片段新建时间线”命令，如图 4-1所示。

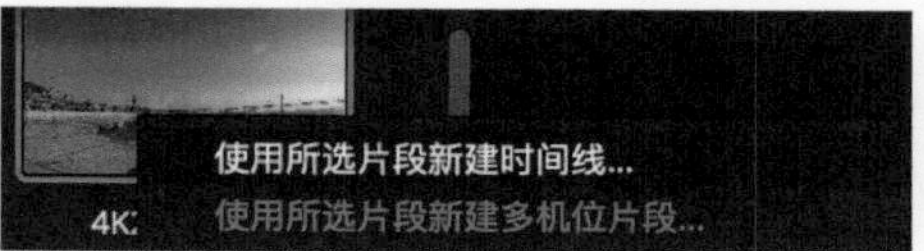

图 4-1

实例4-1

打开Pr 软件，打开 “实例3-4” 创建的文件，在“组件”工作区的“项目”面板中找到“HD25-1”，单击鼠标左键并拖动到“时间线”面板区后松开，即可完成创建工作，如图 4-2所示。文件另存为“实例4-1”。

以上操作同样可以在“编辑”工作区中完成。

实例4-2

打开FCPX软件，打开“‘剪刀手’养成记FCPX”资源库，新建“实例4-2”事件，使用“实例3-7”中介绍的方法，将其中的媒体片段全部复制到“实例4-2”中（配合【Option】键进行拖动），在“资源库”面板中找到“HD25_1”，拖动到“时间线”面板上，完成创建工作，如图 4-3所示。

图 4-2

图 4-3

实例4-3

①打开DaVinci软件，在窗口中单击“新建项目”按钮（已经进入软件的单击“文件”>“新建项目”），名称设置为“实例4-3”，单击“创建”按钮。进入“媒体”工作区，首先在“媒体存储”中，找到“HD25_1”媒体素材，拖动到“媒体池”中，如果出现帧率提示对话框，单击“更改”按钮（若没有出现证明已经使用了“实例2-3”

中的设置；这是一个技巧和习惯，避免在DaVinci软件中忘记帧率设置，后续也无法修改）。继续将其他学习素材导入到“媒体池”中。

②进入“剪辑”工作区，在“媒体池”中选择“HD25_1”素材片段，拖动到“时间线”面板中，完成创建工作，如图 4-4所示。保存并导出项目“实例4-3”。

图 4-4

4.1.2 通过菜单创建

● Pr

单击“文件”>“新建”>“序列”，弹出“新建序列”对话框，这里在“序列预设”面板中，选择“AVCHD”>“1080p”>“AVCHD 1080p 25”，如图 4-5所示，单击“确定”按钮。也可以选择其他预设格式或者在“设置”面板中直接设置视频格式，由于相对专业，这里不详细介绍，有兴趣的读者可以在网上搜索相关格式的说明。

需要说明的是，当第一个视频片段拖入序列时间线时，若两者格式不一致则会出现提示窗口，可以选择保留时间线格式或视频片段格式。

图 4-5

● FCPX

在FCPX中新建项目，单击“文件” > “新建” > “项目”，弹出“新建项目”窗口，如果出现的是如图 4-6所示窗口，请单击左下角的“使用自动设置”按钮，变成图 4-7所示。修改好“项目名称”后，单击“好”按钮即可。接下来需要做的同样是通过视频创建，将准备作为基准的视频拖入到项目时间线中，完成创建工作。

图 4-6

图 4-7

● DaVinci

在DaVinci中，单击“文件” > “New Timeline”，在弹出的菜单中只需要修改时间线名称即可，视频轨道和音频轨道都可以在创建之后调整（音轨类型通常设置为立体声），设置完成后单击“创建”按钮，如图 4-8所示。然后可以将想要作为基准的视频片段直接拖动至时间线上。

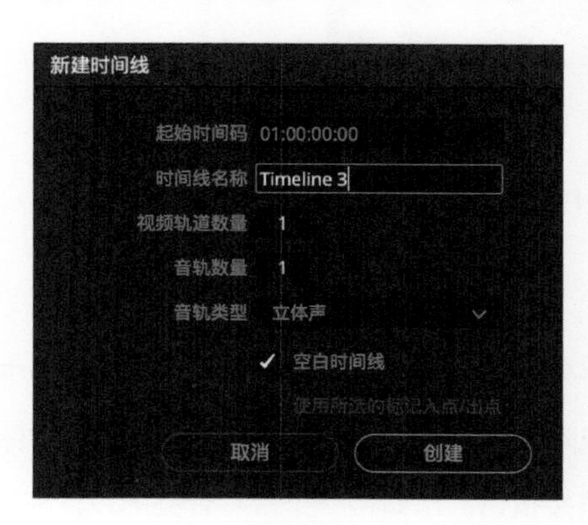

图 4-8

技巧放送

Pr 和 DaVinci 的时间线都是可以层层嵌套的，意思是一条时间线可以放到另外一条时间线中。FCPX 同样有类似功能，称为“新建复合片段”，同样可以嵌套在时间线中，也可以双击“复合片段”在时间线上重新编辑使用。

4.2 熟悉"时间线"

"时间线"面板通常由视频轨道和音频轨道组成，只有FCPX是个例外，下面分别介绍。

4.2.1 Pr 和 DaVinci

Pr 和DaVinci的"时间线"面板分别如图 4-9和图4-10所示，非常相似。其中，"V1""V2""V3"等表示是视频轨道，存放视频片段；"A1""A2""A3"等表示是音频轨道，存放音频片段。如果把带声音的视频拖动到"时间线"，视频部分自动进入视频轨道，音频部分自动进入音频轨道。"时间线"上有一个"播放指示器"，指示器"走"到哪里，"监视器"上则会播放相应内容。需要注意的是，在"播放指示器"从左向右匀速播放过程中，如果在多个视频轨道上同时有片段，则上层会盖住其下层，即只有最上层的播放出来（制作遮罩特效除外）；如果多个音频轨道上同时有音频片段，则多个音频片段会叠加在一起同时播放。

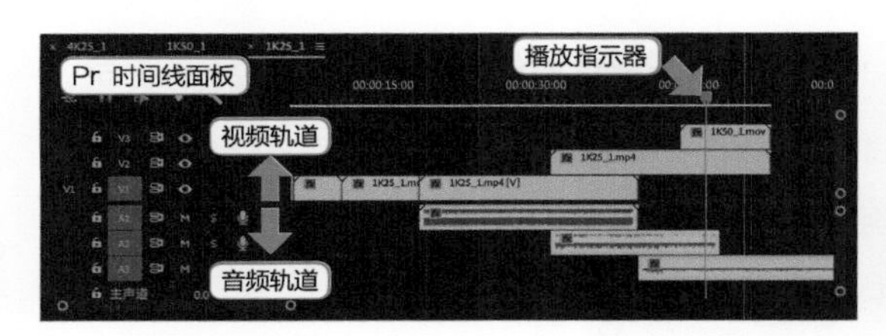

图 4-9

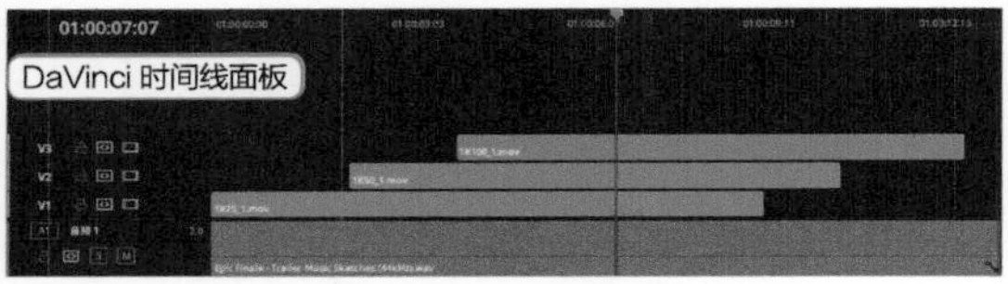

DaVinci 时间线面板

图 4-10

Pr "时间线"面板左上方有几个常用的工具按钮，如图 4-11所示，简单介绍如下。

图 4-11

第一个按钮是设置是否将序列作为媒体片段进行嵌套，通常默认选中即可。

第二个按钮是对齐，类似吸附按钮，对于剪辑操作非常有用，通常保持选中状态。

第三个按钮是开启或关闭链接按钮，比如将一个带有音频的片段拖入，视频和音频分别进入不同轨道，如果开启该按钮则保持两者链接关系，同步剪辑，若关闭该按钮则两者可以作为独立片段单独进行剪辑。

第四个按钮是添加标记按钮，在"时间线"指定位置添加标记点，便于剪辑操作。

第五个按钮是时间线显示的相关设置，单击后会弹出详细菜单，通常使用快捷键完成操作。

技巧放送

Pr软件"时间线"浏览的几个快捷键建议读者掌握，因为经常会用到。【H】键，手型工具，可以在"时间线"片段上单击并按住，方便左右拖动。【Z】键，缩放工具，它的主要操作不是单击，而是框选一段"时间线"区域放大。【+】和【-】键用来缩放。按【\】键，可以变成全局浏览，再按一次恢复到之前视图大小。

上面介绍的主要是横向缩放，下面为纵向缩放。按快捷键【Ctrl】（Mac【Command】）+【+】/【-】实现视频轨道的纵向缩放，按快捷键【Alt】（Mac【Option】）+【+】/【-】实现音频轨道的纵向缩放，按快捷键【Shift】+【+】/【-】，实现全部轨道的纵向缩放。

DaVinci软件"时间线"面板上方同样有几个常用的工具按钮，如图 4-12所示，简单介绍如下。

图 4-12

第一个是吸附按钮，跟Pr的对齐按钮类似。

第二个是链接按钮，同样与Pr类似。

第三个是位置锁定按钮，单击会将全部轨道头的锁定按钮打开，防止"时间线"上媒体片段的误操作。

第四个和第五个按钮一个是旗标，一个是标记，用于辅助剪辑。对"时间线"所选片段单击旗标按钮后，会在"媒体池"面板的对应片段上添加相应颜色的小旗标。

第六个按钮及旁边的滑块主要用于调整"时间线"片段的显示效果，通常使用快捷键操作。

技巧放送

DaVinci软件"时间线"浏览的快捷操作方式主要有以下几种。水平方向放大或缩小，使用快捷键【Ctrl】（Mac【Command】）+【+】/【-】，也可以使用【Alt】键（Mac【Option】键）+鼠标滚轮。按住鼠标滚轮，可以向左右拖动。按快捷键【Shift】+【Z】，切换到"时间线"全局浏览。

4.2.2 FCPX

FCPX的创新比较大，虽然同样具有"时间线"面板，但是理念不尽相同。相同的是同样有一个"时间线"面板，具有一个"播放指示器"，视频片段通常在上部，音频片段通常在下部。不同的是表面上看类似轨道排列，但其实它已经不再使用轨道的概念，而是"主故事情节"和"连接片段"的概念。"主故事情节"类似主轨道上排列的视频片段，"连接片段"类似其他轨道上的片段，这里使用一个连接线和"主故事情节"上的对应片段建立连接关系，而不是轨道一、轨道二之类，如图 4-13所示。这样操作起来比较灵活，相互之间关系也非常紧密，只要"主故事情节"上的片段移动，其连接的片段也会进行相应移动。

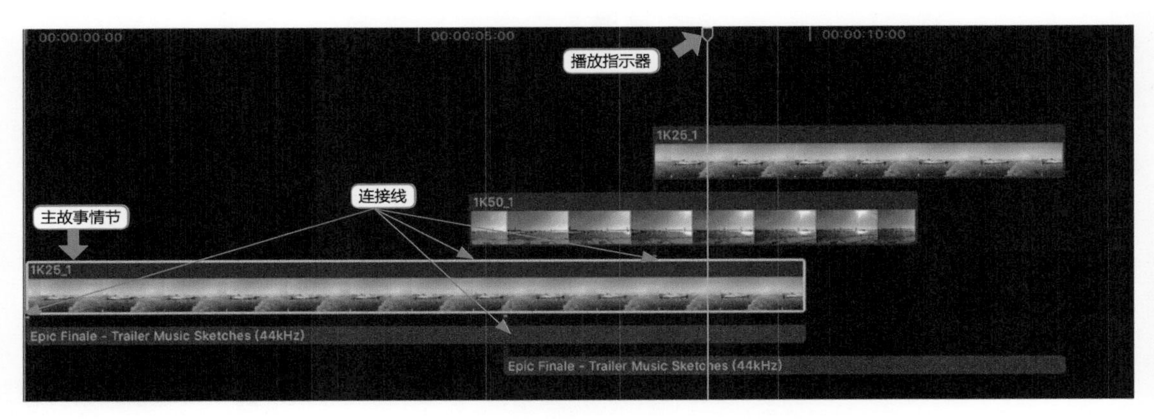

图 4-13

虽然这里还没有开始介绍具体操作，但肯定有读者，特别是初次接触FCPX的读者，迫不及待地想知道如何征服这个小小的连接线。其实非常简单，只需要按住键盘左上角的【`】键（【Esc】键下方），再进行剪辑，这样就能断开连接片段和主故事情节片段的连接关系，可以随意移动了。不太理解的主要原因还是习惯了轨道式的编辑方式，但只需要练习使用一段时间，就知道它有多么灵活快捷了。

FCPX在拖入带有音频的媒体片段时，是整体显示的，并不像Pr 那样自动分配到视频和音频轨道。如果希望实现分离显示的效果，可以单击时间线最左侧的“索引”面板，单击“角色”按钮，将音频角色相应轨道显示出来，如图 4-14所示。

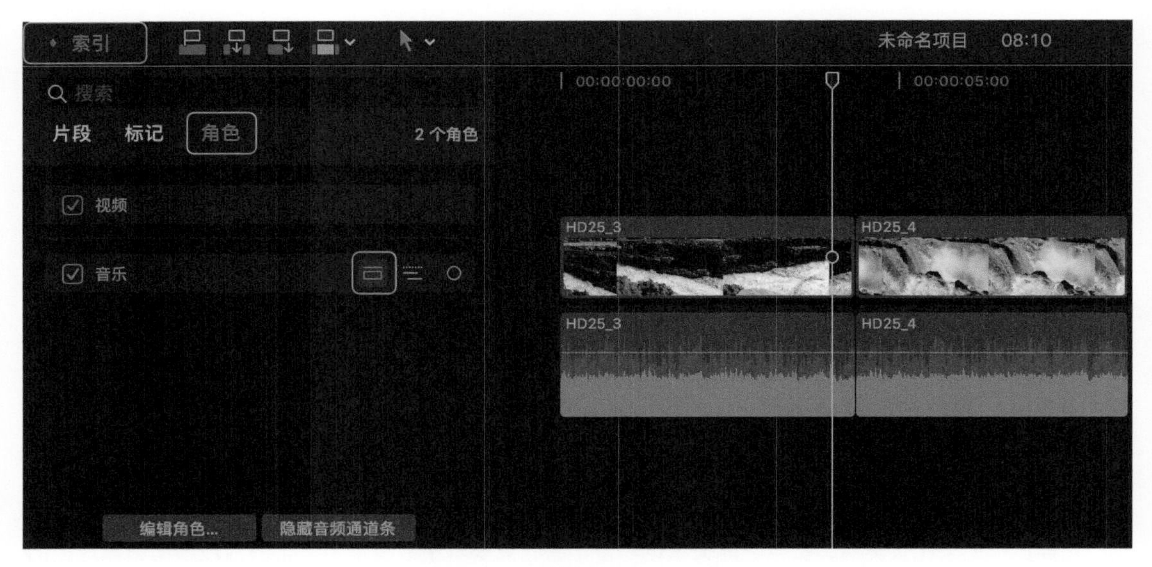

图 4-14

同样，在“时间线”上方右侧有几个常用的工具按钮，如图 4-15所示，简要介绍如下。

图 4-15

第一个是“视频和音频浏览”，意思是当鼠标滑过媒体片段时进行快速预览，通常将该按钮开启，便于快速查找剪辑位置，快捷键为【S】。

第二个是“音频浏览”，意思是当鼠标滑过媒体片段时是否需要音频浏览，由于快速浏览声音比较刺耳，通常关闭即可，快捷键为【Shift】+【S】。

第三个是“独奏”，意思是单独播放该媒体片段而关闭其他片段，特别是对于音频片段比较实用，快捷键为【Option】+【S】。

第四个是“吸附”，主要是指片段或“播放指示器”在靠近“时间线”片段连接处时，是否会吸附对齐，快捷键为【N】。

第五个是“时间线外观设置”，同样，通常以快捷键方式进行操作。

技巧放送

笔者特别喜欢这一环节，主要是想将自己的积累倾囊相送，让读者真正学有所得，节省时间，提高效率。

水平方向放大快捷键为【Command】+【+】，缩小快捷键为【Command】+【-】。快速切换到全局浏览快捷键为【Shift】+【Z】。左右拖动快捷键为【H】，注意，使用时按住【H】键不放，用鼠标左右拖动浏览，完毕之后再松开，这样会自动切换回之前使用的工具。

垂直方向放大快捷键为【Shift】+【Command】+【+】，缩小快捷键为【Shift】+【Command】+【-】。

调整视频和音频片段所占比例快捷键为【Control】+【Option】+【↑】和【Control】+【Option】+【↓】。

4.3 设置“入点”和“出点”

我们拍摄的视频素材或音频素材并不是有多少用多少，而是通常只需要一小段镜头或精华片段即可，有可能是人物的一个眼神，有可能是环境的一个环顾。

一般来说，不同视频剪辑软件的图标和快捷键大多不同，但是选择视频片段“入点”的快捷键通常为【I】、“出点”的通常为【O】，这项操作的快捷键基本相同，说明该操作是视频剪辑中的一项基本操作。

4.3.1 通过"监视器"创建

适用于Pr 和DaVinci，操作基本相同。

①在"项目"面板或"媒体池"中选取希望使用的素材片段并双击。

②在"监视器"面板上浏览该片段内容，找到选取的起始点（可以暂停并配合方向键【←】/【→】选取），按【I】键。

③在"监视器"面板上找到该片段选取的结束点，按【O】键，完成选择。

"监视器"播放条上有选取的段落标识，如图 4-16所示。

图 4-16

实例4-4

使用Pr 打开"实例4-1"，另存为"实例4-4"；在"项目"面板中找到"HD25_4"，双击；在"源监视器"中，将播放条拖动到2秒处（01:00:02:00），按【I】键，然后将播放条拖动到8秒处（01:00:08:00），按【O】键，完成选择；可以在"监视器"上按住鼠标左键并将其拖动到时间线上使用，具体操作步骤如图 4-17所示。

图 4-17

技巧放送

时间线上的片段同样可以进行“入点”和“出点”剪辑，双击“时间线”上的“HD25_1”视频，尝试在任意位置截取一段 6 秒长的视频，截取后“时间线”上的视频片段如图 4-18 所示。

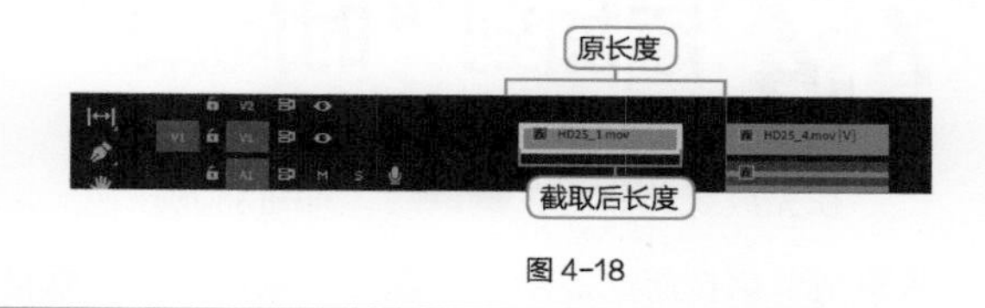

图 4-18

4.3.2　通过视频片段创建

主要适用于FCPX（虽然Pr和DaVinci亦可，但并没有4.3.1节的方法直观）。本方法直接在FCPX中“资源库浏览器”的媒体片段上完成，具体步骤如下。

①在“资源库浏览器”面板上选取视频片段，鼠标在视频片段上滑过时（不用单击）即可快速浏览。

②单击该视频片段，滑动鼠标（红色播放指示线指示），同时观察“检视器”，找到“入点”位置（精确选择可以配合方向键【←】/【→】逐帧操作），按【I】键。

③同样方法，找到“出点”位置，按【O】键，这样在视频片段上形成了一个黄色范围选择框，即该片段的选择部分。

完成选择后，可以直接拖动黄色范围框的左边线和右边线进行调整，如图 4-19所示。

图 4-19

4.4 添加到"时间线"

在完成媒体素材的选取后，即可将其按照一定的顺序，排列到"时间线"上。首先要在主轨道上将故事情节串接起来。如果是家庭拍摄，且媒体素材有限，可以边排列边整理思路；如果相对专业，一定要先有一个脚本，哪怕极简单的几句话，防止工作反复。

将片段排列到"时间线"最简单的方法当然是拖动，即从"项目"（或"媒体池"）面板或者"监视器"中直接拖动至"时间线"上。FCPX只能从"资源库"的浏览器中拖动，不能从"检视器"中拖动。当然，除了拖动操作之外，还有相关按钮可以进行"插入""覆盖"等操作。

4.4.1 Premiere Pro CC

在"源监视器"下方工具栏上，有"插入"和"覆盖"两个按钮，快捷键分别为【,】和【.】，注意这两个小图标上的箭头方向，是向下的，在"源监视器"下方才有，在"节目监视器"中是不行的。"插入"指的是从"播放指示器"位置开始插入，原时间线上的媒体片段不会消失，而是自动后移。"覆盖"指的是从"播放指示器"位置开始覆盖，被覆盖的片段会消失。具体操作如下。

①选择好媒体片段的"入点"和"出点"。

②将"时间线"上的"播放指示器"置于序列中要"插入"或"覆盖"的起点。

③这步要特别注意，单击要插入源剪辑组件的轨道头（可以是V1、V2、V3等任意一个轨道，音频轨道同理），将其设定为目标轨道，如图 4-20所示。为什么说要特别注意，因为笔者以前看过的教材基本都没有提到这一步，很容易忽视，而直接影响到已经编辑好的"时间线"。

④单击"插入"或"覆盖"按钮。

这里正好按照图 4-20介绍一下轨道头的几个按钮。

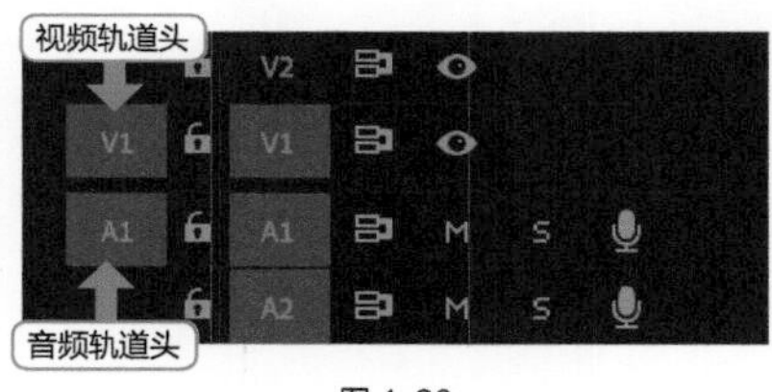

图 4-20

第一个是轨道头按钮，在选择视频片段或"源监视器"后出现，用于"插入"和"覆盖"等操作。希望将视频片段放置到哪个轨道，就在哪个轨道头上单击。

第二个是锁定按钮，就是将该轨道锁定，防止误操作。

第三个是目标轨道按钮，是在进行轨道上片段的复制等操作时，想要粘贴到哪条轨道上，就单击“V1”“V2”等图标，将其高亮显示（注意只让目标轨道按钮高亮显示），后续操作在该轨道上完成。

第四个是同步轨道按钮，是指任何相连轨道上的片段都会同步进行移动等操作，例如在某一个相连轨道上进行“插入”操作，其他连接轨道上的视频片段会同步向后移动。

最后一个眼睛图标，为是否显示该轨道上的视频片段，关闭后轨道上的视频片段不再显示。

音频轨道同理，不同的几个图标中“M”代表该轨道静音，“S”代表该轨道独奏（只播放该轨道声音），麦克风图标代表在该轨道录制声音。

技巧放送

这里介绍一下“目标轨道”按钮的使用技巧，从平时的经验来看，这里非常容易混乱，而且一般教材中很少介绍。

情况1：只有某一轨道上的按钮高亮显示，为标准模式，会在该轨道上进行。

情况2：有两个或多个轨道上的按钮高亮显示，会在序号最小的轨道上进行。

情况3：所有轨道上的按钮均没有高亮显示，则会在V1轨道上进行。

若某一轨道被锁定，则按照上述原则，自动查找下一个序号最小的轨道。

实例4-5

使用Pr打开“实例4-4”，另存为“实例4-5”，尝试使用几种不同的方法将媒体片段添加到“时间线”上。

首先进行初始化工作，进入“组件”工作区，将“时间线”上现有的媒体片段全部选中并且删除，将“播放指示器”拖动至“时间线”的最左端。

第一种采用拖动的方法，双击“HD25_1”，在“源监视器”中通过快捷键【I】/【O】的方法截取4秒长的片段，在“源监视器上”按住并拖动到“时间线”V1轨道上，入点跟时间线最左端对齐。重复这步操作，这次拖动到V2轨道上，入点跟刚才片段的出点位置自动对齐，如图4-21所示。本练习主要告诉读者拖动操作不需要设置轨道头，不用管“播放指示器”位置，视频片段可以自动吸附对齐。

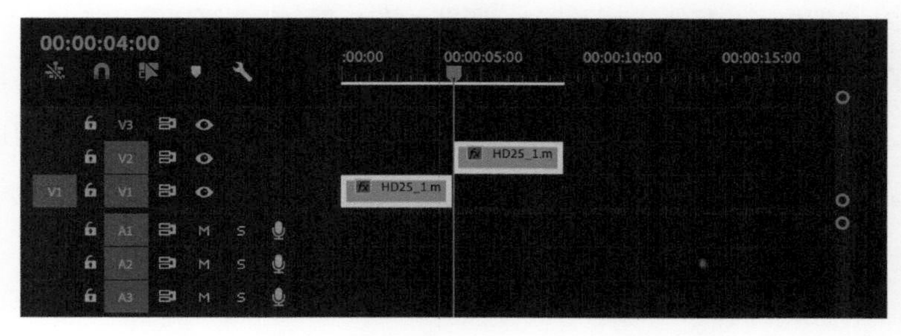

图4-21

第二种采用按钮的方法，双击"HD25_3"（本片段带音频），在"源监视器"中同样通过快捷键【I】/【O】的方法截取4秒长的片段，单击V1和A1轨道的轨道头，将"播放指示器"调整至"时间线"的4秒处（00:00:04:00，第二个片段的起点），单击"插入"按钮（快捷键【,】），原视频片段会自动后移，如图 4-22所示。双击"HD25_3"，单击V2轨道的轨道头，将"播放指示器"调整至"时间线"的8秒处（00:00:08:00，第三个片段的起点），单击"覆盖"按钮（快捷键【.】），原视频片段被完全覆盖，如图 4-23所示。本练习主要告诉读者"插入"和"覆盖"的原理，以及轨道头操作方法等。

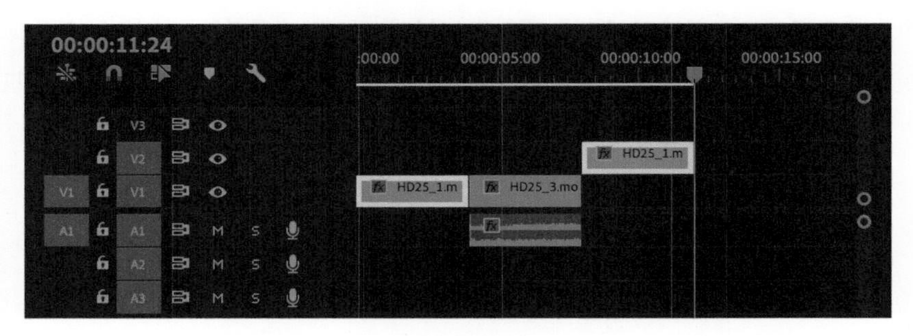

图 4-22

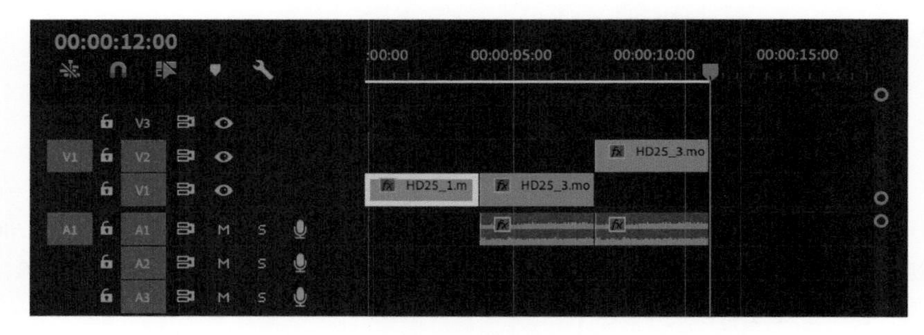

图 4-23

4.4.2 DaVinci Resolve 15

其实只要把Pr 学明白了，其他都大同小异，所以之前Pr 部分讲得更详细一些。

DaVinci除了"插入"按钮和"覆盖"按钮外，还多了一个"替换"按钮，整体位置在"时间线"面板上部的工具条中。"替换"按钮可以这样简单理解：如果新的视频片段长度超过原时间线轨道上的视频片段长度，"替换"会取原视频片段长度，而"覆盖"会按照新视频片段长度一直覆盖下去。按钮的操作方法与Pr 基本一致，这里就不再重复了。

技巧放送

DaVinci 的“替换”很有特色，可以实现原视频片段与新视频片段关键帧的自动对齐替换。操作时首先需要将预选的视频在“源片段检视器”上显示，拖动播放指示器，找到一个特征点比较明显的镜头；其次要在“时间线检视器”上通过拖动“播放指示器”找到与“源监视器”相同位置的镜头；最后单击“替换”按钮，软件会自动将预选视频所选帧和时间线上所选帧位置对齐并进行替换。简单说就是替换的片段与播放指示器位置对齐，真是 amazing！

DaVinci的轨道头与Pr 相比略有变化，但只要掌握原理，万变不离其宗，如图 4-24所示，这里简单介绍如下。

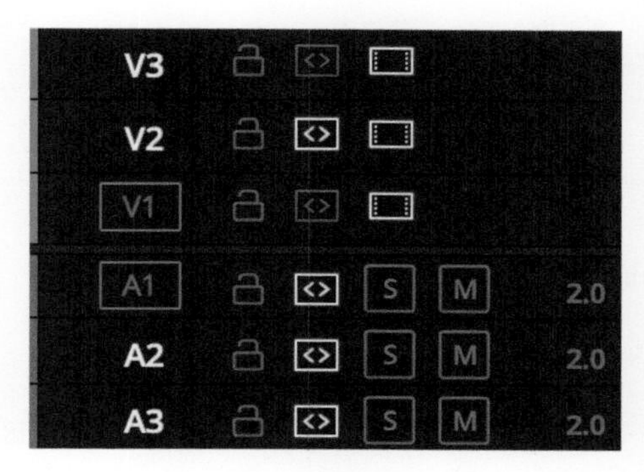

图 4-24

第一个为轨道头按钮，这里与Pr 略有不同，不是独立出来的，而是直接在轨道编号上单击，选中的会变成V1（或A1）并用红色线框标识，主要用于“插入”“覆盖”“替换”等操作。希望将视频片段放置到哪个轨道，就在哪个轨道头上单击。这里需要注意的是轨道编号V1、V2等不再像Pr 中是“目标轨道按钮”，只是轨道头作用。

第二个为锁定按钮，与Pr 相同。

第三个按钮这里称为“自动同步轨道”按钮，它兼顾了Pr 中“目标轨道”和“同步轨道”按钮的功能。例如，如果想将视频片段粘贴到某一指定轨道上，需要将该轨道的“自动同步按钮”开启，其他轨道的“自动同步按钮”关闭；在对某一个轨道进行“插入”操作时，只要轨道上的“自动同步按钮”是开启状态的，均会同步向后移动。

第四个按钮图标类似一个轨道，其实就是显示或关闭该轨道，与Pr 中的眼睛图标功能一致。

音频轨道同理，与Pr 相比少了一个录音麦克风按钮，“S”按钮同样代表该轨道独奏（只播放该轨道声音），“M”按钮同样代表该轨道静音。

技巧放送

这里与 Pr 对比介绍一下“自动同步轨道”按钮的使用技巧。

情况 1：若只有某一轨道上的自动同步按钮开启，则相关操作在该轨道完成。

情况 2：有两个或多个轨道上的自动按钮开启，则会在序号最小的轨道上进行。

情况 3：所有轨道上的按钮均没有高亮显示，则会新建一条轨道，这点与 Pr 不同。

若某一轨道被锁定，而按照上述原则应当在该轨道进行操作，则该操作无法完成，这点同样与 Pr 不同。

在 DaVinci 中按住【Alt】键（Mac【Option】键）同时，单击“自动同步轨道”按钮，则只保留该视频（或者音频）轨道的自动同步，其余关闭。按住【Shift】键同时单击“自动同步轨道”按钮，则关闭全部视频（或者音频）轨道的自动同步。

下面再结合实例进行详细说明。

实例4-6

①使用DaVinci打开“实例4-3”，另存为“实例4-6”，进入“剪辑”工作区，将“时间线”上的视频片段删除，将“播放指示器”调整至“时间线”的最左端。

②调整完初始状态后，双击“媒体池”中的“HD25_1”片段，在“检视器”上通过快捷键【I】/【O】截取4秒长的一个片段，拖动到轨道1，片段头位于时间线最左端。

③选择并复制该片段，将“播放指示器”调整至时间线最左端，按住【Alt】键（Mac【Option】键），单击V2轨道的“自动同步轨道”按钮，这样只有该轨道的同步按钮开启，其余轨道的同步按钮关闭，然后粘贴，在V2轨道上复制一段“HD25_1”的视频。同样方法，在V3轨道上进行复制，位置对齐。

④关闭全部轨道的“自动同步轨道”按钮，进行粘贴，会在新建轨道上复制该段视频。完成后的效果如图 4-25所示。当然，最简单的方法是直接将视频片段从“检视器”拖动到“时间线”相应轨道上，这里主要是为了巩固练习。

⑤继续操作。首先设置初始状态，从“媒体池”中选择并双击“4K25_1”视频素材，从起始位置截取4秒长的片段（首先按【I】键设置“入点”，使用键盘操作【+】【0400】【Enter】（Mac【Return】），按【O】键设置“出点”），将“时间线”上的“播放指示器”调整至2秒（01:00:02:00）位置，关闭所有轨道的“自动同步轨道”按钮。

⑥初始状态下，将轨道头设置到V1，单击“插入”按钮。恢复至初始状态，将轨道头设置到V2，单击“覆盖”按钮。

恢复至初始状态，将轨道头设置到V3，确认“源节目检视器”的播放头位于最左端，单击“替换”按钮。恢复至初始状态，将轨道头设置到V4，确认“源节目检视器”的播放头位于1秒处，单击“替换”按钮。最终效果如图4-26所示。全部操作完成后不要忘记保存并导出项目。

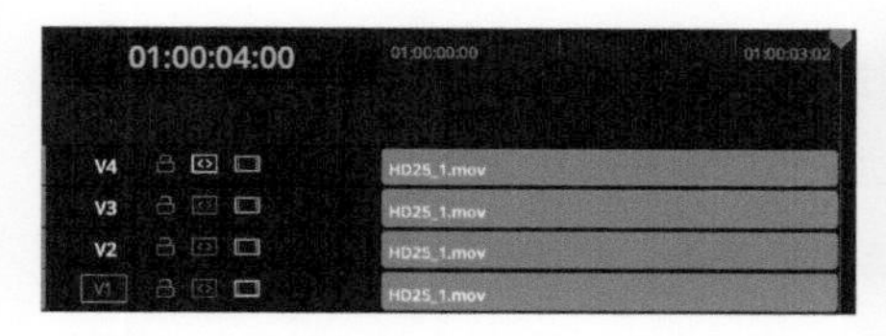

图 4-25

图 4-26

4.4.3 Final Cut Pro X

FCPX添加到“时间线”的工具更加丰富，布置在“资源库浏览器”的下方，共有四个按钮，分别是“连接”、“插入”、“追加”、“覆盖”。当然还有“替换”，但不是按钮形式，而是直接将“资源库浏览器”中的视频片段拖动到“时间线”视频片段上。

“连接”是FCPX特有的，之前已经介绍过，是将所选片段连接到主故事情节上。

“插入”同Pr和DaVinci软件类似，是将所选片段插入到主故事情节上。

“追加”是将所选片段自动追加到主故事情节最后方。

“覆盖”同Pr和DaVinci软件类似，是覆盖“时间线”上的主故事情节片段（从播放指示器位置开始覆盖）。

“替换”操作没有图标，但是可以通过拖动完成。在“资源库浏览器”上选择好视频片段的导入范围，按住并拖动到“主故事情节”待替换的片段上，这时会弹出“替换”菜单，如图 4-27所示。

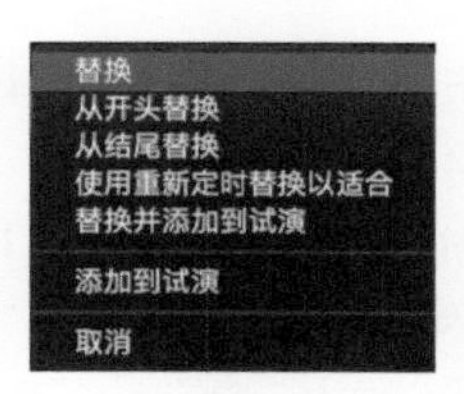

图 4-27

第一个“替换”选项的意思是使用新的视频片段完全替代“时间线”（项目）上的媒体片段，替换后长度是新媒体片段长度。

第二个和第三个"从开头（结尾）替换"，替换后的长度是原视频片段长度，不够长的会出现提示。

第四个"使用重新定时替换以适合"虽然文字长，意思很简单，就是把新视频片段采用"快放"或"慢放"的方式进行变速，使之长度与原视频片段保持一致。

第五个"替换并添加到试演"，这里引入了一个"试演"片段的概念，简单理解就是一时无法决定此处选择哪个视频片段，就把相关的都叠在一起，可以方便地进行逐个尝试，所以这个选项的意思就是把新的视频片段和原视频片段组成一个试演片段，并且把新视频片段放到"主故事情节上"。

第六个"添加到试演"意思就是把新视频片段与原视频片段组成一个"试演"片段，且保持原视频片段在"主故事情节上"。

技巧放送

如果想查看试演片段中包含的各个片段，可以在该"试演"片段上单击鼠标右键，弹出"试演"相关操作的菜单，如图 4-28 所示，根据内容进行选择。请记住"上一次挑选"和"下一次挑选"的快捷键，使用起来非常方便。

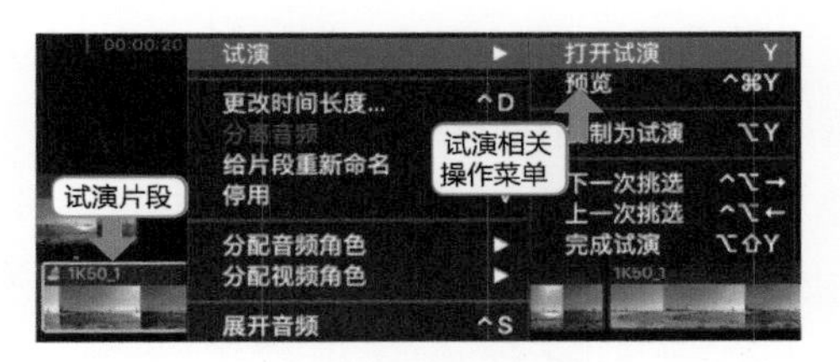

图 4-28

以往在 Pr 中进行类似的操作时，需要在同一位置的不同轨道上放置视频片段，通过单击启用或关闭不同轨道片段的方式进行对比尝试，FCPX 提供了一个新的便捷方案。这里补充一句，FCPX 主要理念是保持主线故事情节的完整性，很多功能都是围绕这一理念设计的，读者只要掌握了这一思想，很多问题都迎刃而解了。

实例4-7

①打开FCPX，打开"'剪刀手'养成记FCPX"资源库，新建事件"实例4-7"，将"实例4-2"中的媒体片段全部选择，配合【Option】键复制到"实例4-7"中。

②选择视频片段"HD25_1"，截取4秒长片段（通过按快捷键【I】【O】【+】【400】【Return】），单击第三个"追加"按钮（快捷键【E】）3次，效果如图 4-29①所示。

③选择"HD25_2"，同样截取4秒长片段，确认"时间线""播放指示器"位于最左端，单击第一个"连接"按钮（快捷键【Q】），效果如图 4-29②所示。

④选择"HD25_3"，同样截取4秒长片段，确认"时间线""播放指示器"位于4秒处（第一段与第二段视频之间），单击第二个"插入"按钮（快捷键【W】），效果如图 4-29③所示。

⑤选择"HD25_4"，同样截取4秒长片段，确认"时间线""播放指示器"位于8秒处（第二段与第三段视频之间），单击第四个"覆盖"按钮（快捷键【D】），效果如图 4-29④所示。

⑥继续使用“HD25_4”，覆盖到最后一个视频片段，在弹出的菜单中选择“替换并添加到试演”，效果如图 4-29⑤所示。

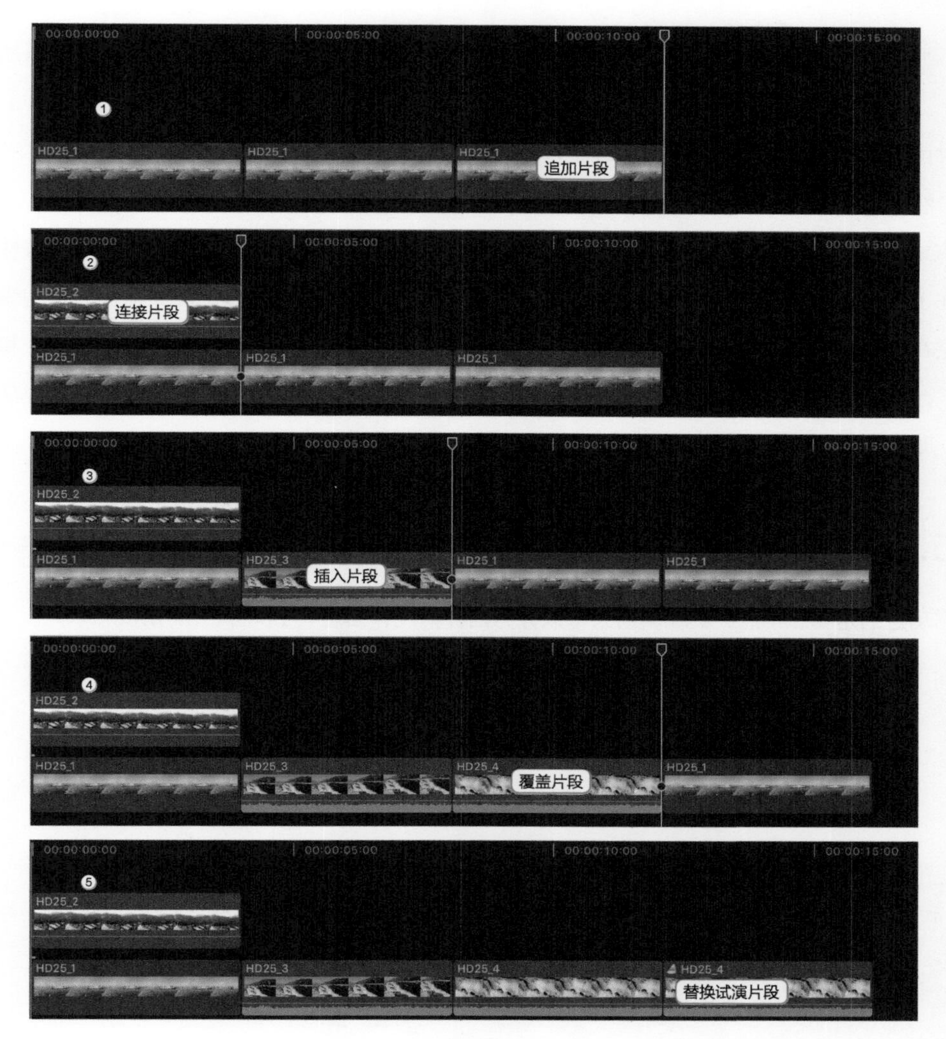

图 4-29

注意在该片段左上角有一个试演片段的小图标，单击该图标会打开试演片段，进行选择，如图 4-30所示。试演里面可以包含多个片段，通过键盘左右方向键选择，五角星小图标表示当前“时间线”正在使用片段。

图 4-30

4.5 三点编辑法

前面两节介绍了如何设置媒体片段的"入点"和"出点"，还介绍了如何将媒体片段添加到"时间线"上。"时间线"本身也是可以设置"入点"和"出点"的，而且"时间线"上的片段在编辑完成后，有时可能并不想调整总长度，只想调整部分片段，这就引出了一个非常有用的概念——"三点编辑法"，当然也可拓展成"四点编辑法"，本节重点介绍一下前者。

三点或四点编辑法，是各种视频剪辑软件通用的一种编辑方法，早在剪辑软件初期，这种操作方法就存在了，即便是现在改进比较多的FCPX，这种方法仍然存在，且操作更加灵活。三点编辑法简单理解就是在"源监视器"上（FCPX直接在"媒体浏览器"视频片段上）确定开始点（入点）和结束点（出点），在编辑的"时间线"上确定开始点（入点）和结束点（出点），这四个点中，只要任意确定三个点，即可确定将媒体片段加载到"时间线"上的具体长度和位置。

4.5.1 三点编辑的四种情况

根据确定的是哪三个点，其编辑结果可以分为四种情况，如表4-1和图4-31所示。

表 4-1

序号	选择方式	编辑结果
1	媒体素材（源素材）中选择开始点①和结束点②	媒体素材（源素材）的开始点与时间线中的开始点对齐，编辑时间长度由媒体素材选择的开始点和结束点确定
	时间线中选择开始点③	
2	媒体素材中选择开始点①和结束点②	媒体素材的结束点与时间线中的结束点对齐，编辑时间长度由媒体素材选择的开始点和结束点确定
	时间线中选择结束点③	
3	媒体素材中选择开始点①	媒体素材的开始点与时间线中的开始点对齐，编辑时间长度由时间线选择的开始点和结束点确定
	时间线中选择开始点②和结束点③	
4	媒体素材中选择结束点①	媒体素材的结束点与时间线中的结束点对齐，编辑时间长度由时间线选择的开始点和结束点确定
	时间线中选择开始点②和结束点③	

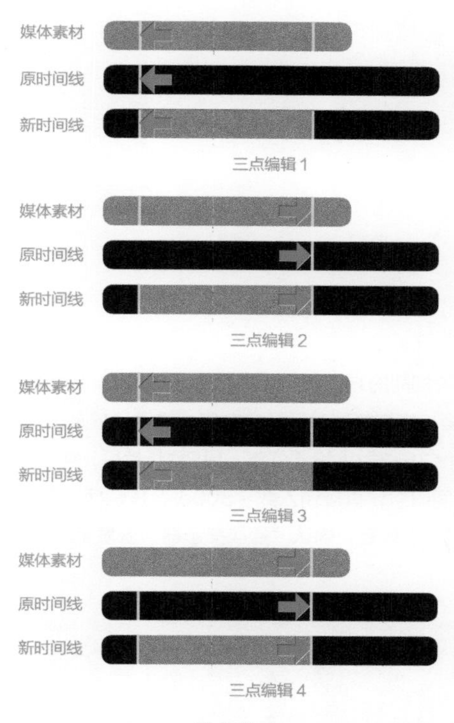

图 4-31

4.5.2 FCPX 三点编辑操作

FCPX中基本的三点编辑操作有三步。

①在“资源库浏览器”中设定源素材开始点、结束点。

通过设置“入点”和“出点”的方法，在“资源库浏览器”中设置媒体片段的开始点和结束点。如果没有设置选择范围黄框，默认开始点为视频片段起点，默认结束点为视频片段终点。

②在“时间线”中设定开始点、结束点。

在“时间线”上拖动“播放指示器”同时在“检视器”中查看，可以通过快捷键【J】、【K】、【L】控制播放速度和方向（提高速度时多次按【J】或【L】键），通过方向键【←】/【→】逐帧查找，将“播放指示器”停放在相应位置（四点编辑时通过快捷键【I】和【O】设置开始点和结束点）。

③将素材片段添加到“时间线”。

只需根据需要单击相应的“插入”“连接”“覆盖”等按钮。如果以“播放指示器”停放点作为结束点，可以使用【Shift】键+快捷键——“覆盖”（快捷键【D】）、“连接”（快捷键【Q】）。这里需要特别注意的是“插入”（快捷键【W】）只有正向，没有通过结束点逆向插入功能。

技巧放送

如果在FCPX上操作结果不同，请注意在其时间线上浏览时有个红色的指针，这里称之为"浏览条"，用来指示媒体片段显示时间点位置，如图4-32所示。当在"时间线"上进行"插入""连接"等操作时，其优先于"播放指示器"指示位置，所以需要注意。

图 4-32

实例4-8

使用FCPX，采用与之前介绍的相同的方法新建"实例4-8"事件，并将媒体片段全部复制到该事件中。将媒体片段"4K25_1"和"4K25_2"全长度拖放到时间线最左侧（如果片段是已经设置了黄色的选择范围框，可以按快捷键【X】删除），在媒体片段"4K25_3"上设置任意一段5秒长片段，将"时间线""播放指示器"调整至8秒处（可以单击"检视器"下方的"时间码"，直接输入数字800），按快捷键【Q】，进行正向"连接"，如图4-33所示。按快捷键【Command】+【Z】恢复，确认"播放指示器"恢复至8秒处，按快捷键【Shift】+【Q】，进行反向"连接"，如图4-34所示。

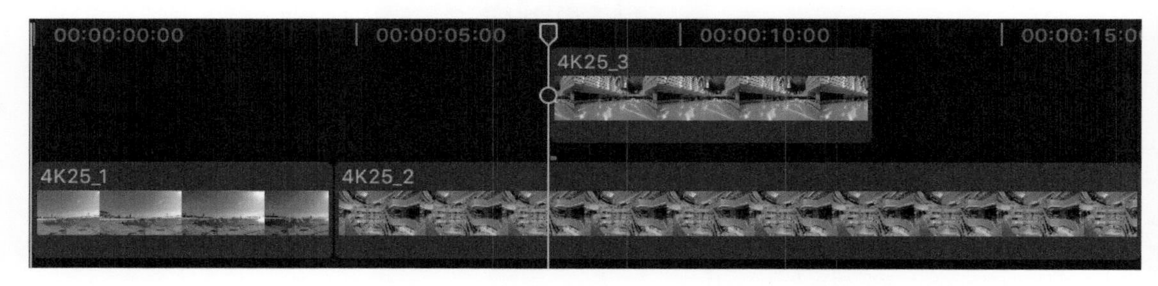

图 4-33

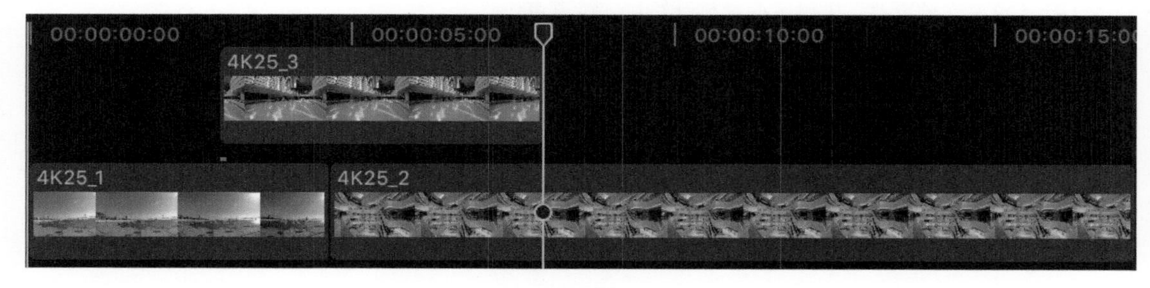

图 4-34

四点剪辑比较简单，这里就不详细介绍了，读者可以自行尝试，只要记住以"时间线"设定长度优先的原则就可以了。

4.5.3　Pr 三点编辑操作

Pr 中的操作比较简单，DaVinci中的操作与Pr基本一致。

①在“源监视器”中设定源素材开始点、结束点。

通过设置“入点”和“出点”的方法，在“源监视器”中设置媒体片段的开始点和结束点（或只设置其一）。

②在“时间线”中设定开始点、结束点。

在“时间线”上拖动“播放指示器”同时在“节目监视器”中查看，同样可以采用快捷键【J】、【K】、【L】控制播放速度和方向，通过方向键【←】/【→】逐帧查找。与FCPX不同的是如果选择正向编辑，可以将“播放指示器”停放在相应位置，或按【I】键设置“时间线”开始点；如果选择逆向编辑，按【O】键设置“时间线”结束点（四点编辑时通过快捷键【I】和【O】设置开始点和结束点）。

③将素材片段添加到“时间线”。

只需根据需要单击相应的“插入”（快捷键【,】）或“覆盖”（快捷键【.】）按钮。这里的“插入”是可以进行逆向操作的。

各操作位置如图 4-35所示，可以对照表4-1逐一进行尝试，这里不再一一罗列。

图 4-35

如果"源监视器"和"时间线"都设置了开始点和结束点，也就形成四点编辑，当单击相应的"插入"或"覆盖"按钮时，会弹出"适合剪辑"对话框，如图 4-36所示，简单理解就是，要么改变媒体片段的速度以适应"时间线"设置长度，要么在"四点"中放弃"一点"，变成三点。三点编辑在后期精确局部调整时非常重要。

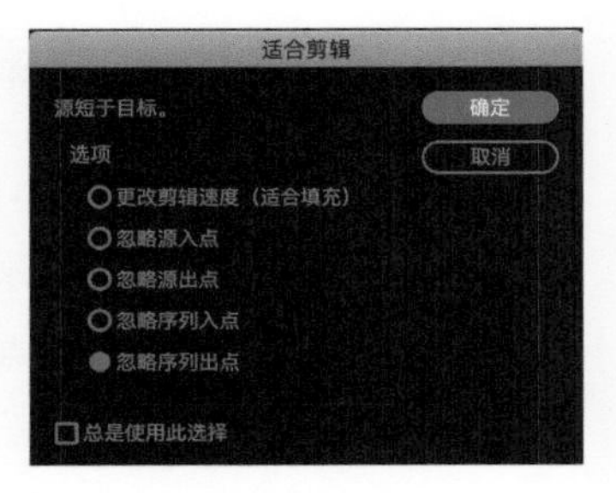

图 4-36

4.6 媒体片段剪辑

"剪刀手"的"剪刀"终于要出现了，这里的"剪刀"指的是"时间线"上视频片段的剪辑工具。通过对比可以发现，无论哪款视频剪辑软件，基本的视频剪辑工具都是类似的，如图 4-37所示。总体上，可以大致分为三类：第一类是选择类工具，如"选择""范围选择""轨道选择"等；第二类是剪辑类工具，如"切割""修剪工具"等；第三类是视图调整及其他工具，如"手形工具""缩放工具""文字工具""图形工具"等。下面逐一进行介绍。

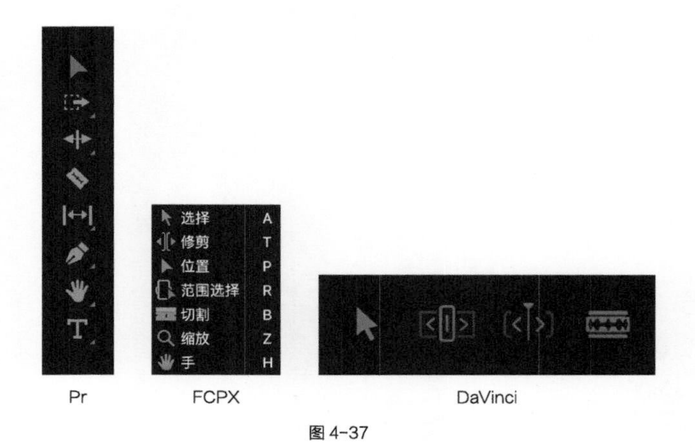

图 4-37

4.6.1 Premiere Pro CC

Pr的主要剪辑工具有"选择工具（V）""向前选择轨道工具（A）""波纹编辑工具（B）""剃刀工具（C）""外滑工具（Y）""钢笔工具（P）""手形工具（H）""文字工具（T）"等，注意工具图标右下方小三角（折叠按钮）表示可以展开同类其他工具，操作方法是单击该按钮不放，弹出拓展工具后，单击选择，具体在后续内容中介绍。这里先准备一个实例，便于接下来讲解的练习。

实例4-9

使用Pr 打开"实例4-5"，另存为"实例4-9"，单击进入"编辑"工作区，删除"时间线"上的视频片段，在"项目"面板中找到片段"HD25_4"，双击在"源监视器"面板中显示，通过设置"入点"和"出点"截取片段中间4至8秒的部分，添加到"时间线"上，通过关闭"链接"按钮，删除音轨片段，将视频片段排列成如图 4-38 所示，最后单击关闭V2轨道的"同步锁定"开关。

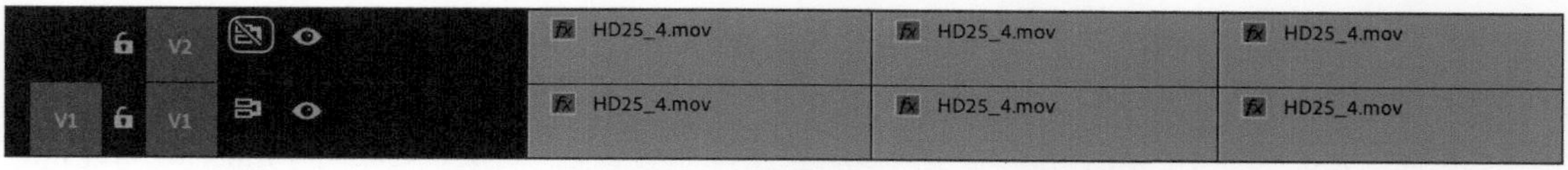

图 4-38

● 选择工具（V）

该工具是所有视频剪辑软件中必备的，通常使用箭头图标，最初作用是选择"时间线"上的媒体片段，拖动调整其在"时间线"上的位置。如今其功能早已拓展，可以通过拖动媒体片段左右两边来调整片段的长短（"入点"和"出点"）。操作时，只需要将鼠标停留在"时间线"上某个片段的一侧，则会出现滑动图标，单击并拖动，完成调整，如图 4-39所示。可以使用"实例4-9"操作练习，练习后恢复。

注意使用"选择工具"拖动片段边界时，相邻片段是不会跟随移动的。按住【Ctrl】键（Mac【Command】键）的同时，将鼠标移动至片段两端或相邻片段连接处时，会变成相应的波纹编辑工具，后面会进行相关介绍。

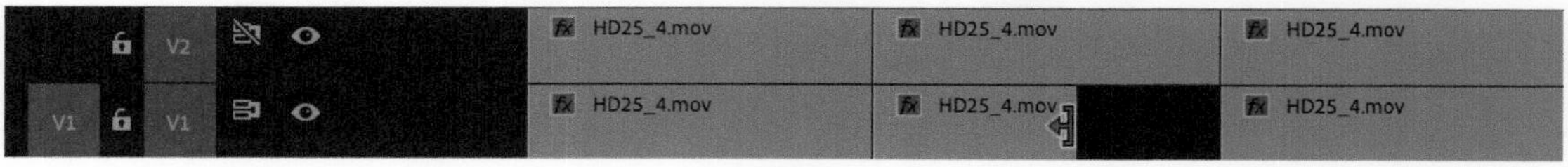

图 4-39

● 向前选择轨道工具（A）

该按钮还有折叠按钮，单击并按住时，出现"向后选择轨道工具"。这组工具顾名思义，就是选择所有轨道（包括音频轨道）上所选位置之前或之后的所有片段，图标为前后错落的双箭头，如图 4-40 所示。按住【Shift】键，变成单轨选择（包括关联音频轨道）工具，图标由双箭头变为单箭头。

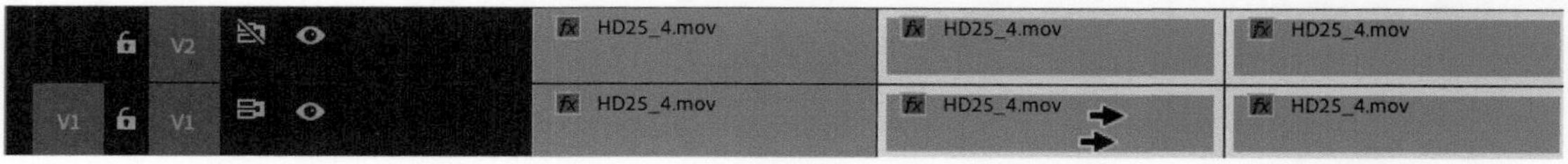

图 4-40

● 波纹编辑工具（B）

该按钮还有折叠按钮，单击并按住时，出现“滚动编辑工具”和“比率拉伸工具”，这些是视频剪辑的主力干将，主要用于调整“时间线”媒体片段“入点”和“出点”位置，以便更好地与前后片段的内容进行衔接。

“波纹编辑工具（B）”操作时将鼠标移动至片段的一边，拖动进行调整，相邻片段会同步移动，且仍然保持连接状态，与刚才提到的按住【Ctrl】键（Mac【Command】键）+“选择工具”效果相同。拖动同时注意观察“节目监视器”，会自动变成双画面，把相邻两个片段的画面时时显示出来，以便比较镜头内容、精准控制，如图 4-41所示。读者可以使用“实例4-9”操作练习，练习后恢复。

如果向内无法拖动可能是因为忘记关闭V2轨道上的“同步锁定”开关，如果向外无法拖动可能是源视频片段长度不够，已经到达结尾处。

图 4-41

“滚动编辑工具（N）”主要用来精确调整“时间线”上的两个相邻媒体片段，与“波纹编辑工具”不同的是，一个片段缩短，同时相邻片段会延长，而轨道总时长不会改变，如图 4-42所示。操作时单击时间线上两个片段相连的部分，向左或向右拖动即可。

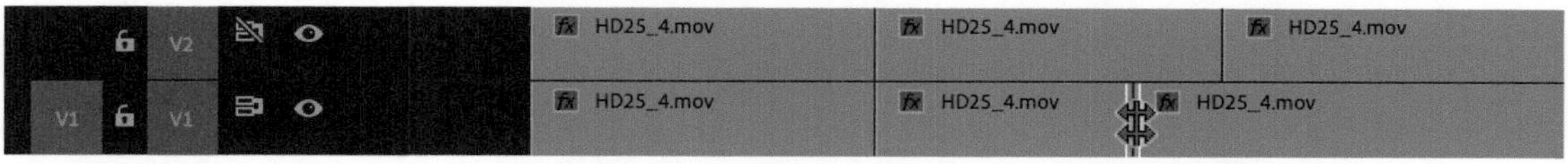

图 4-42

“比率拉伸工具（R）”通过加快或减慢视频片段的播放速度来调整片段长度，该工具可以很方便地制作快进或慢放效果，操作时只需在视频片段边上拖动，如图 4-43所示。如果想在“节目监视器”上查看调整后的效果，别忘了把V2轨道上的眼睛图标关闭，只显示V1轨道上的内容。

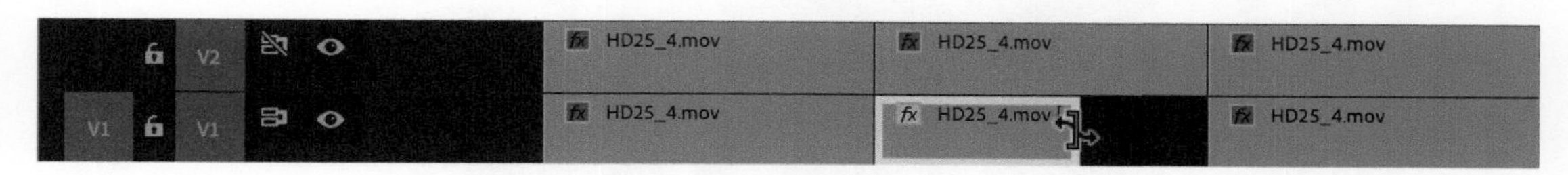

图 4-43

- **剃刀工具（C）**

该工具也是视频剪辑软件必备工具，简单实用，就是将轨道上的片段切开，便于调整。通常使用快捷键操作。这里有个小技巧，在切割时，首先将“时间线”上的“播放指示器”调整到位，确认吸附功能打开，这样既精准又快捷，如图 4-44所示。

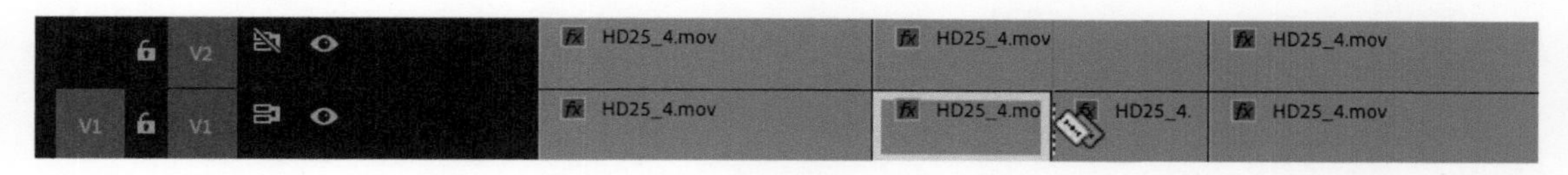

图 4-44

- **外滑工具（Y）**

该按钮还有折叠按钮，单击并按住时，出现“内滑工具”。

“外滑工具（Y）”非常有意思，可以同步调整片段自身的“入点”和“出点”位置，而保持片段自身长度不变，自然也不会影响轨道上视频整体长度。操作时，在需要调整的片段上面单击不放并向左或向右拖动，在“时间线”片段上暂时没有变化，下面会出现调整的时间值。此时注意观察“节目监视器”，出现了四个画面，左上角是左侧视频片段的结束点，右上角是右侧视频片段的开始点，下面左侧是正在调整视频片段的开始点，右侧是该片段的结束点，选择好调整位置后，松开鼠标左键，完成调整，如图 4-45所示。

“内滑工具”原理与“外滑工具”类似，但“内滑”调整时，片段自身保持不变，改变的是相邻片段的结束点和开始点，而三个片段的总长度仍然是保持不变的。“节目监视器”同样会变成四画面，注意与“外滑工具”有所不同：上面两个画面分别代表所选片段的开始点和结束点，是不变的，用来参考；下面左侧画面代表左侧相邻片段的结束点，右侧画面代表右侧相邻片段的开始点，它们是动态变化的，如图 4-46所示。

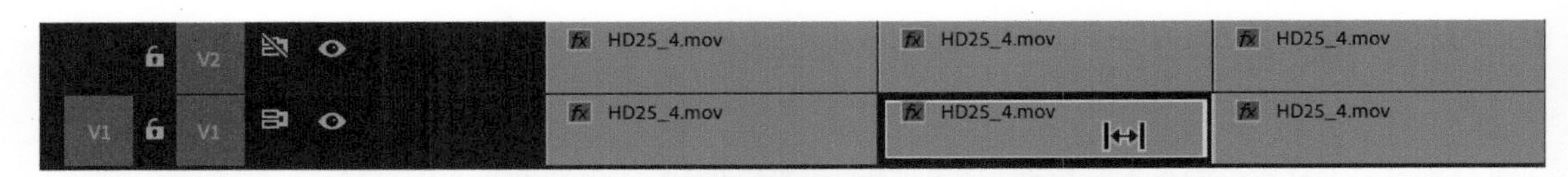
V2
V1
V1
HD25_4.mov
HD25_4.mov
HD25_4.mov
HD25_4.mov
HD25_4.mov
HD25_4.mov

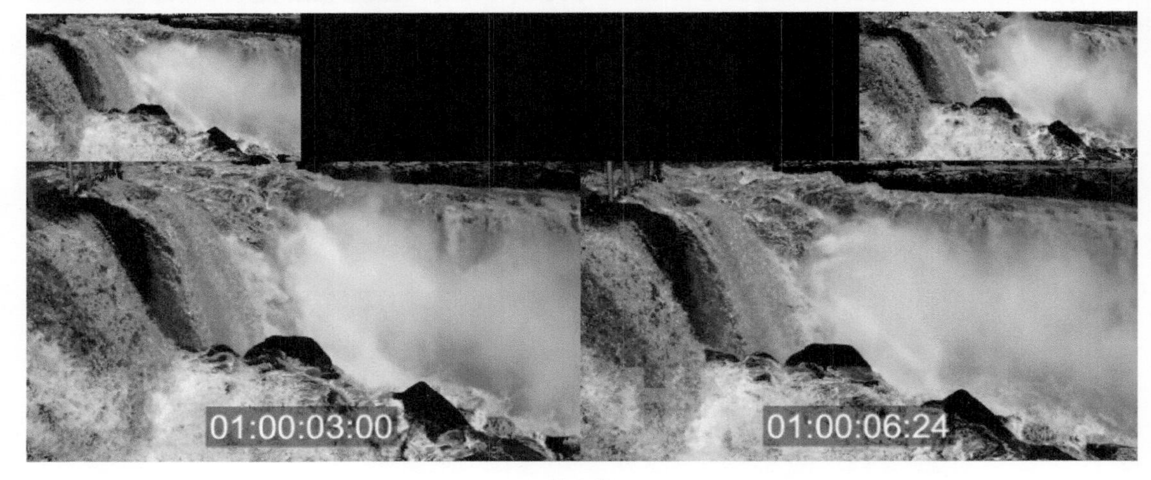
01:00:03:00
01:00:06:24

图 4-45

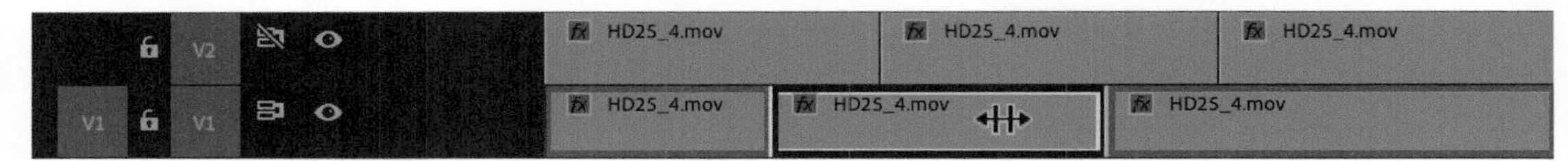
V2
V1
V1
HD25_4.mov
HD25_4.mov
HD25_4.mov
HD25_4.mov
HD25_4.mov
HD25_4.mov

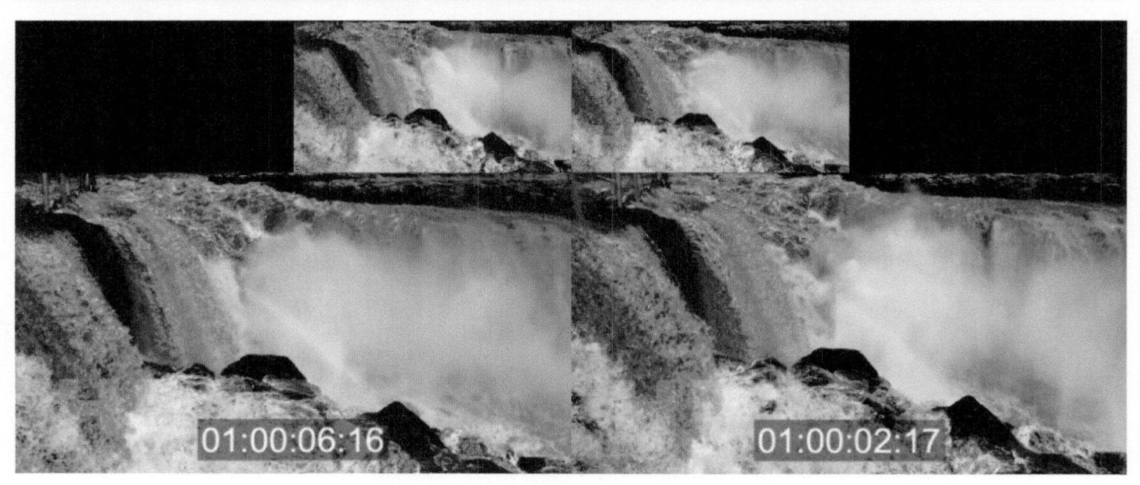
01:00:06:16
01:00:02:17

图 4-46

- **钢笔工具（P）**

该按钮还有折叠按钮，单击并按住时，出现“矩形工具”和“椭圆工具”。这几个工具严格地说不应算作“时间线”剪辑工具，因为其主要用来制作一些图形效果，操作时在“节目监视器”上直接绘制，完成后会在最上层轨道上自动生成一个图形片段，如图 4-47所示，具体操作后续会进行详细介绍。

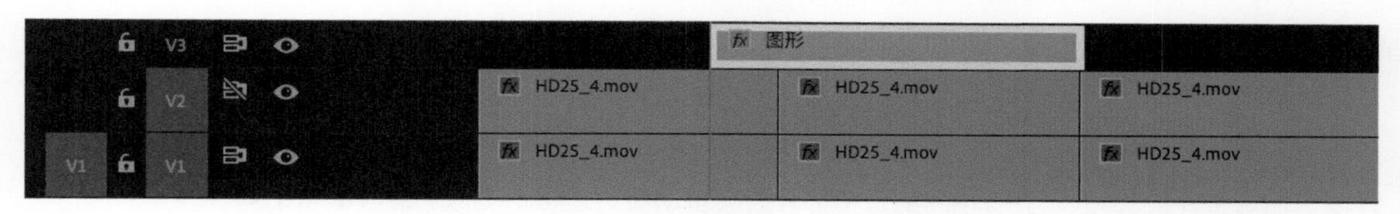

图 4-47

- **手形工具（H）**

该按钮还有折叠按钮，单击并按住时，出现“缩放工具”。这两个工具主要是用来查看“时间线”轨道上的片段。具体操作比较简单，读者尝试一下即可，通常使用快捷键操作。使用“放大”工具时，按住【Alt】键变成“缩小”工具。“缩放”工具还有一个非常有用的功能，就是在“时间线”上框选一段即可将该框选区域放大。

- **文字工具（T）**

该按钮还有折叠按钮，单击并按住时，出现“垂直文字工具”。这组工具操作类似钢笔工具，都是新版本提供的非常便捷的操作工具，使用时直接在“节目监视器”上单击，会在最上层轨道上新建文字片段，具体会在后面的章节中进行介绍。

上述工具介绍都可以在“实例4-9”中完成练习。可能是为了继承老版本，Pr 中的剪辑工具按钮非常多，有些还叠在一起，不便于操作，实际使用时通常使用快捷键完成。

4.6.2　Final Cut Pro X

虽然FCPX软件进行了颠覆性的创新，但是剪辑工具方面仍然保持了传统，基本工具和Pr 都是类似的，相同部分就不再详细介绍了（这就是本书横向学习的优势）。首先也准备一个实例，边学习边在这个实例中练习。

实例4-10

用FCPX打开之前创建的资源库，新建事件“实例4-10”，将“实例4-8”中的媒体片段全部复制到其中，打开新建项目，在“资源库浏览器”中找到片段“HD25_4”,选择中间的4秒片段，拖动到“时间线”中3次，如图4-48所示。

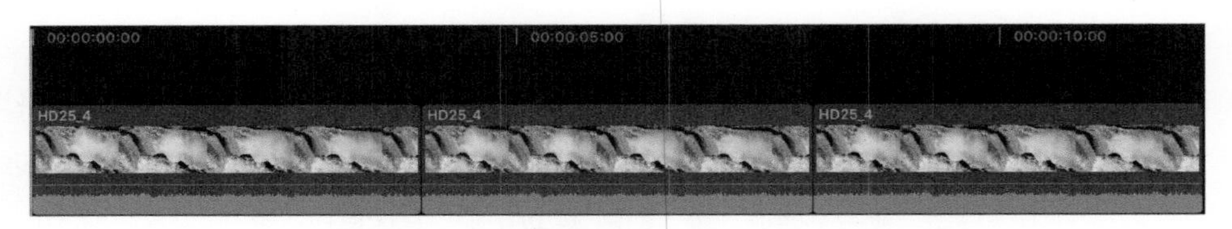

图 4-48

● 选择（A）

该工具主要功能是在"时间线"上选择并移动片段，片段移动后是自动吸附的。该工具同样可以在片段两端调整片段长短，与Pr 不同的是相邻片段会自动吸附连接，类似"波纹编辑工具"。

● 修剪（T）

该工具集多种编辑功能于一身。操作时，当置于视频片段的左右边界、视频片段内部和相邻视频片段之间，会自动变换为相应工具，很容易上手。

置于某一片段一边时，类似"波纹编辑工具"，可以单独拖动该片段长度，与"选择"工具放在片段边界的效果相同，如图 4-49①所示。

置于某一片段中间时，类似"外滑工具"，向左或向右滑动时，只是该片段自身的起始点和结束点在同步调整（上部有时间提示），相邻片段不动，"时间线"总长度不变，如图 4-49②所示。

置于某一片段中间时，按住【Option】键不动，该工具即变成"内滑工具"，自身不变，相邻片段同步调整，片段总长度不变，如图 4-49③所示。

置于两个相邻片段连接处时，类似"滚动编辑"工具，拖动时左右片段会同步调整，总长度不变，如图 4-49④所示。

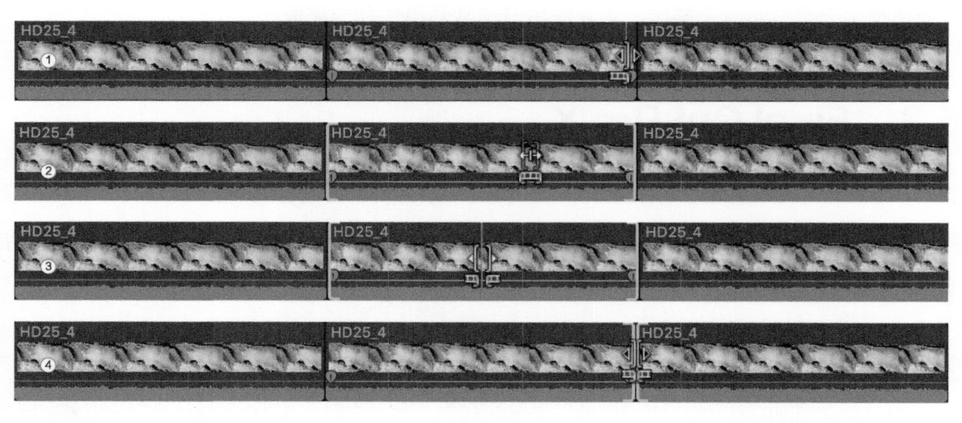

图 4-49

- **位置（P）**

该工具用于将视频片段放置在“时间线”上的指定位置。与“选择”放置不同的是，“位置”可以将片段放置在“时间线”上任意位置，片段之间会以空隙填充。

- **范围选择（R）**

在“时间线”上选择指定范围，也可以通过快捷键【I】/【O】来实现。

- **切割（B）**

与Pr 中相同，将片段切割分开。

- **缩放（Z）**

用来缩放浏览“时间线”，同样最常用的功能是在“时间线”上框选局部区域而将该区域放到最大。

- **手（H）**

用来浏览“时间线”。

4.6.3 DaVinci Resolve 15

三款软件中，DaVinci的剪辑工具最少，只有四个按钮，而且通常只使用其中的三个。虽然数量少，可是功能一点也不少，在“时间线”片段上会自动变成相应的剪辑工具。同样，这里准备一个实例进行练习。

实例4-11

使用DaVinci打开“实例4-6”，另存为“实例4-11”，删除“时间线”上的片段，双击媒体池中的“HD25_4”,选取中间的4秒，当鼠标放到“源片段检视器”上时，底部出现视频和音频图标，按住视频图标并拖动到“时间线”V1轨道上，重复该操作两次，形成三个紧密排列片段，如图 4-50所示，保存并导出。

图4-50

- **选择模式（A）**

这个选择工具早已不是简单的选择工具，而是非常集成化，兼具多个功能。当放置在片段两边时，变为“波纹编辑工具”，可以拖动调整片段长短；当放置在两个相邻片段之间时，变为“滚动编辑工具"，同步调整相邻片段而保持两者总长度不变；更为便捷的是单击后会出现可以调整范围的提示框（白色框线），非常直观，如图 4-51所示。所以别看DaVinci工具按钮少，其实是"五脏俱全"。

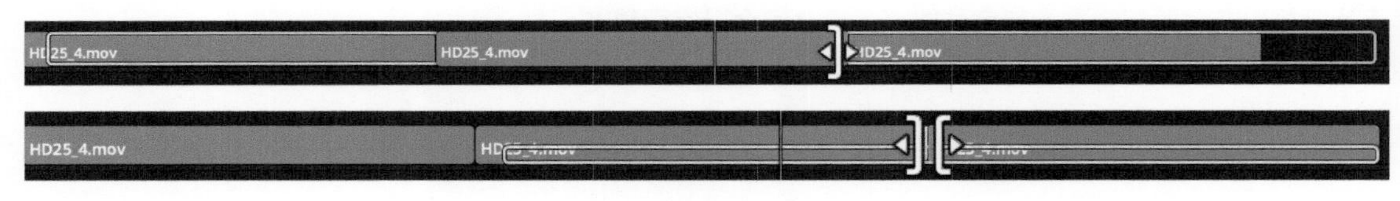

图 4-51

- **修剪编辑模式（T）**

该工具主要是对"时间线"上的片段进行剪辑操作，主要有四种，如图 4-52所示。

图①是在片段两端进行拖动，需要注意的是与选择放在视频片段两端略有不同，这个是波纹剪辑工具，相邻片段会自动连接（开启"轨道自动同步"按钮）。

图②是放在两个片段的连接点，类似"滚动编辑"工具，拖动时左右片段会同步调整，总长度不变。

图③是当鼠标位于片段中间上部时，类似"外滑工具"，向左或向右滑动时，只是该片段自身的起始点和结束点在同步调整，相邻片段不动，总长度不变。

图④是当鼠标位于片段中间下部时，类似"内滑工具"，向左或向右滑动时，该片段自身的起始点和结束点不变，相邻片段进行同步调整，三个片段的总长度不变。

读者可以在"实例4-11"中进行练习，练习后恢复。

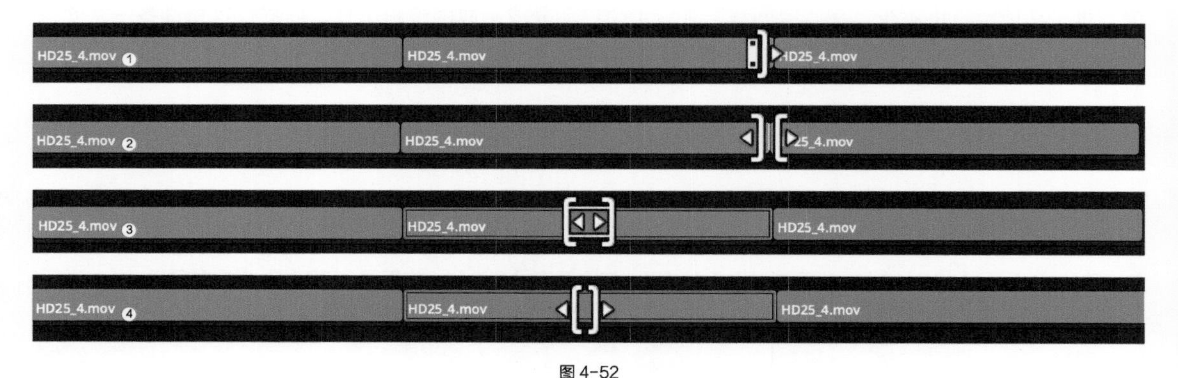

图 4-52

- **动态剪辑模式（W）**

激活该功能后，首先选择"时间线"上任意媒体片段，配合快捷键【J】、【K】、【L】，使媒体片段在"时间线"上向左或向右移动，实现剪辑效果。由于操作不便于初学者掌握，这里不展开讲解（不影响剪辑操作）。

- **刀片编辑模式（B）**

该工具主要是用来切割视频，在需要转换镜头的地方剪切，有的读者可能担心切不准，可以先用“播放指示器”找到需要切割的帧位置，确认“吸附”功能打开，刀片就会自动吸附到指示位置。

在这里小结一下。对于主流视频剪辑软件，剪辑工具基本大同小异，有的多点，有的少点，但操作上基本都是一致的。专业剪辑人员通常是使用快捷键来操作（不用刻意去记，平时有意识地通过快捷键完成，时间一长就记住了），会大大提高效率。

4.7 音频片段剪辑

音频剪辑绝对是可以单独成篇的，甚至可以单独成书，“没有声音，再好的戏也出不来”。比如极端点说，一部恐怖片，如果把声音关掉，可能根本就感觉不到恐怖，如果再配上搞笑的音效或音乐，很可能变成一部喜剧；再比如说，现在手机上很火的短视频App，就一个简单的“猫打瞌睡”镜头，配上可爱的音乐，就能创造上万的点赞。但是这里不能展开讲，也不敢展开讲，本节只是教读者最常用的音频片段剪辑操作。最重要的还是要靠自身对音乐的理解，选择什么样的音乐或效果来烘托影视作品，能不能把音乐的节奏和视频镜头切换的节奏很好地融合在一起等。

4.7.1 同步音频片段的处理

音频多数会伴着视频片段一并导入，比如拍摄时人说话的声音等，当然也可以导入纯音频文件，比如音乐、效果等。在将视频片段导入“时间线”时，其音频文件会同步导入到音轨上，比如在Pr 中导入一段带音频的视频素材，视频片段进入V1轨道，音频片段进入A1轨道，而且两者是链接到一起的，当进行移动等操作时。两者会同步移动。如果不再需要音频或是需要对音频和视频单独剪辑，可以在媒体片段上单击鼠标右键，选择“取消链接”（FCPX中为“展开音频组件”）命令，之后视频和音频就可以单独剪辑了。

4.7.2 音频片段剪辑

第2章已经介绍过，音频剪辑通常有独立的工作区界面，比如Pr 中的“音频”工作区，DaVinci中的“Fairlight”工作区，当然也可以直接在“编辑”工作区的“时间线”上完成剪辑工作。在FCPX中可以直接在主工作区的“时间线”上进行剪辑。

无论是伴随视频的音频，还是单独的音乐、音效等，导入到“时间线”上之后与视频片段类似，同样可以采用之前介绍过的各种剪辑工具完成操作。需要注意的是在不同轨道上插入的音频，播放时各轨道音频片段会同时播放，而不是像视频片段那样，上层轨道的覆盖下层轨道的（虽然之前介绍过，这里再重申一下，加深印象）。

为便于剪辑，软件通常会将音频按照其振幅形成波型画面，便于直观地找到剪辑点。在Pr中，双击项目中的音频片段，即可在“源监视器”中显示出来；单击并拖动滚动条的两端，可以实现水平方向或垂直方向的放大和缩小操作，如图 4-53所示。

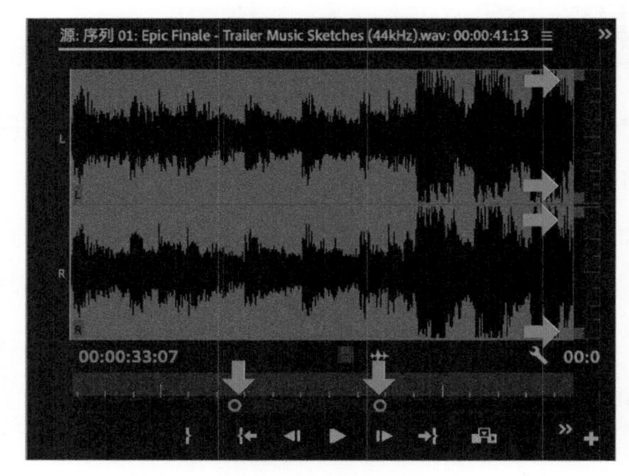

图 4-53

在FCPX的“时间线”中同样可以将音频波形放大。单击“‘时间线’外观设置”按钮，如图 4-54所示，第一行带有放大、缩小图标的滑动条是水平方向调整，第二行图标是调整视频和音频显示比例，第三行滑动条是垂直方向放大或缩小。当左侧“索引”面板展开时，还可以单击第三个“角色”按钮，通过在音频片段上单击鼠标右键，赋予不同的角色。

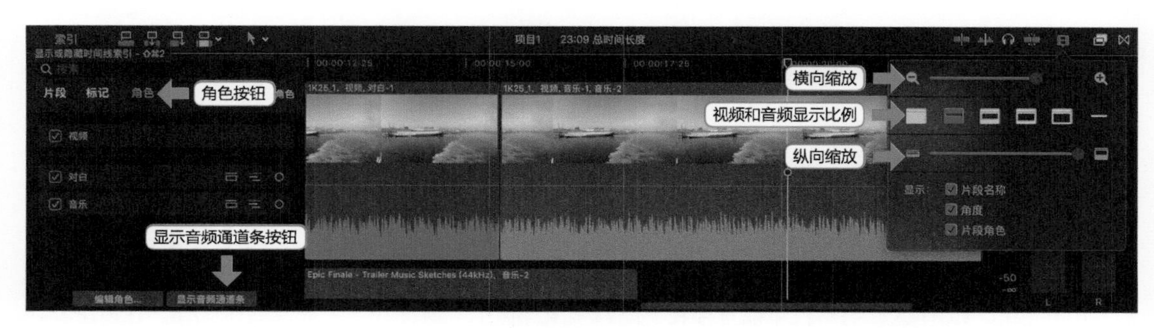

图 4-54

4.7.3　音轨音量调整

音频剪辑中最基本的也是最常用的就是对音量的调整，不同轨道的音量混合后不能产生爆音。通常视频剪辑软件都会提供一个模拟的混音台，对应每一个音轨都会有一个音量大小调整的滑动按钮，如图 4-55 所示。通常一边监听，一边滑动调节，同时注意观察音柱，尽量不要出现红色的爆音指示（特效除外）。

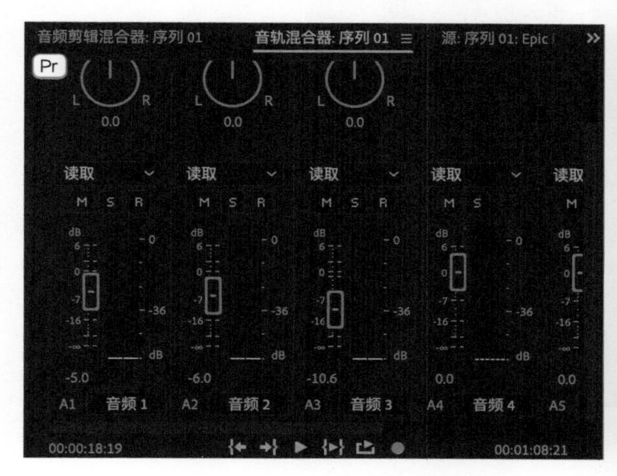

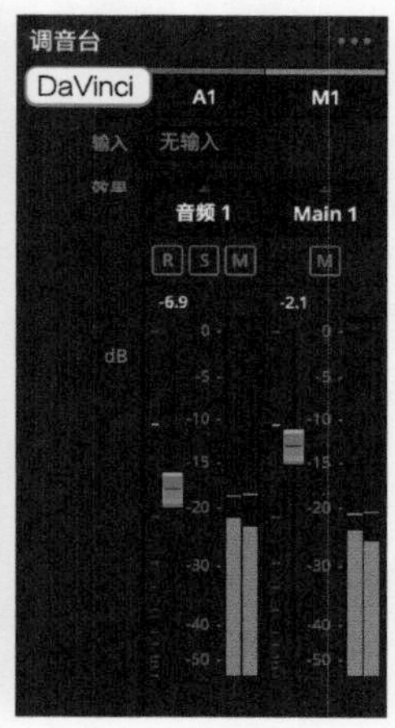

图 4-55

另一种调整音量的方法，就是直接在音频轨道片段上调整。通常在片段的中间位置有一条水平线，单击并向下拖动，该片段音量降低，单击并向上拖动，音量增大，如图 4-56所示。如果看不到或者显示过小，可以把“时间线”纵向放大，可以使用4.2节“技巧放送”中介绍的快捷键操作完成。

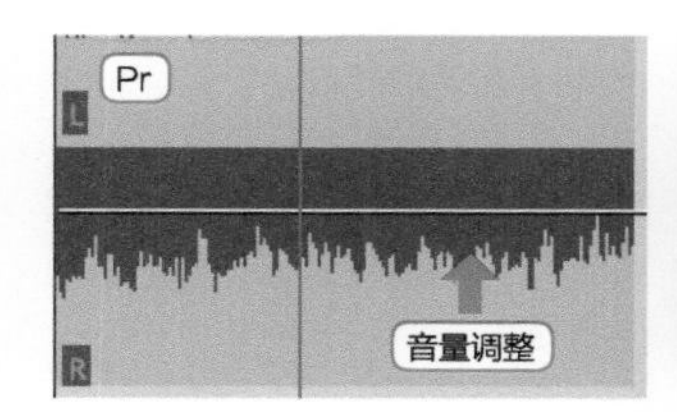

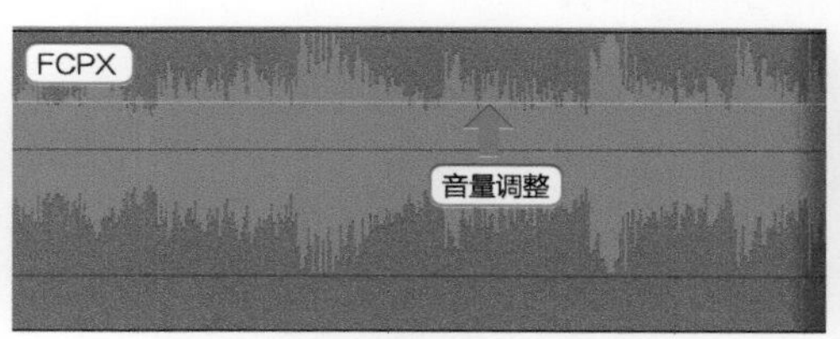

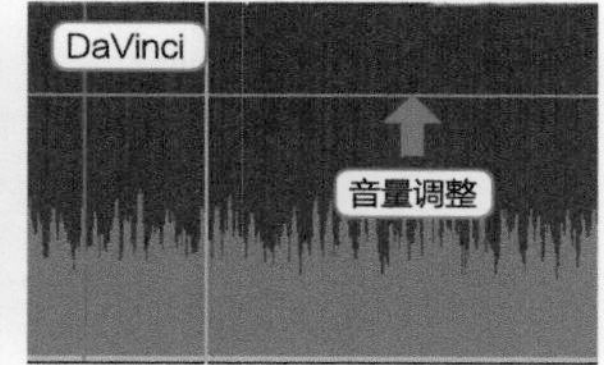

图 4-56

实例4-12

使用Pr 打开“实例4-9”，另存为“实例4-12”，单击进入“音频”工作区。选择“时间线”上的全部片段，删除；将“HD25_3”和“HD25_4”两个带音频的片段分别拖动到“时间线”的1轨（V1、A1）和2轨（V2、A2）上，如图 4-57所示。在片段上单击鼠标右键，单击“取消链接”命令（也可直接关闭“时间线”面板上的“链接”按钮）。这里有三种常用的方法调整音量。

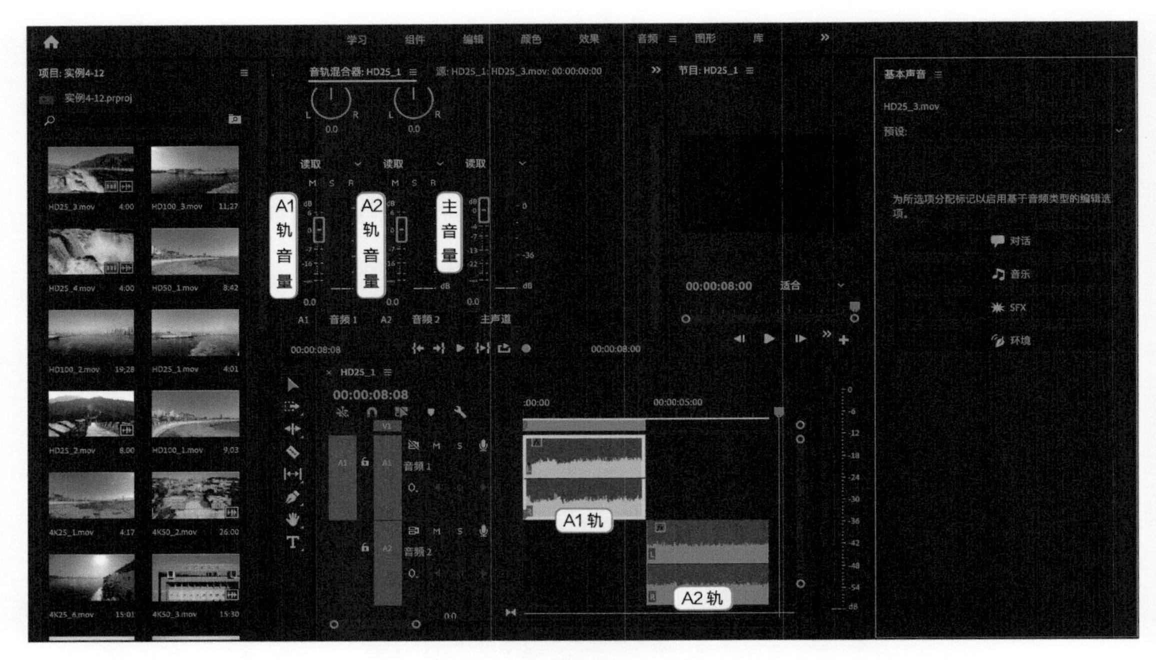

图 4-57

第一种方法：如图 4-57所示，单击“音轨混合器”面板，调低A1的推子，可以降低A1轨道的音量，调低A2的推子可以降低A2轨道的音量，降低主声道的推子可以降低整体音量。

第二种方法：放大“时间线”音频轨道，上下拖动图 4-58中箭头所示线条，实现调整音量大小效果。

第三种方法：在工作区右侧的“基本声音”面板，设置音频片段类型，如图 4-57所示；单击“环境”按钮，然后在面板中的“剪辑音量”选项直接调节，如图 4-59所示。

另外两款软件在后面的讲解中一并举例练习。

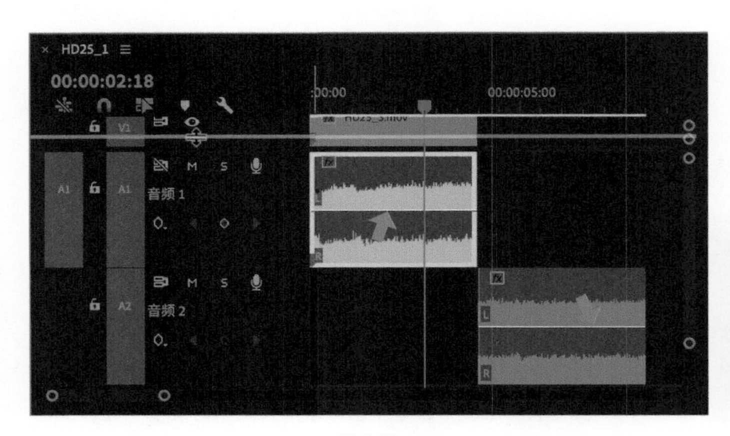

图 4-58

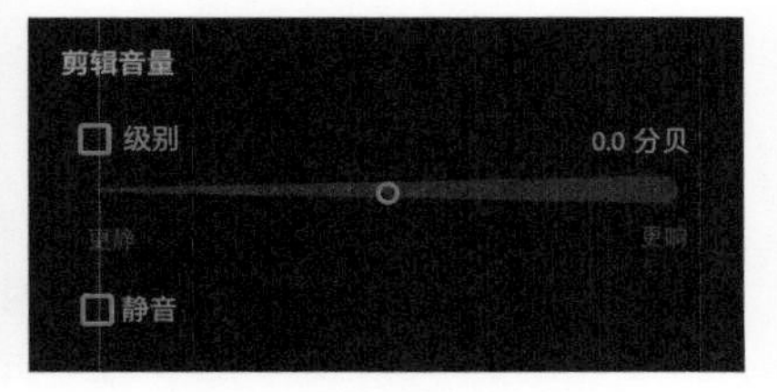

图 4-59

4.7.4 淡入淡出效果调整

音频片段剪辑的另一个重要操作就是制作淡入淡出效果。因为视频镜头可以“硬切换”，而音频如果直接切换就会非常突然（特殊音效除外），影响效果。通常会制作音量由小至大的淡入、音量由大至小的淡出，以及音频片段之间的过渡转换。

● FCPX

操作最为简单，当鼠标放置在音频片段的边上时，会有一个小的控制手柄，单击并将其由两侧向内拖动，即可出现一条弧线。片段开始处弧线代表音量由低至高提升，片段结束处弧线代表该处音量由高至低下降，如图 4-60所示。通常独立音频片段的开始和结束位置都会制作淡入淡出效果。

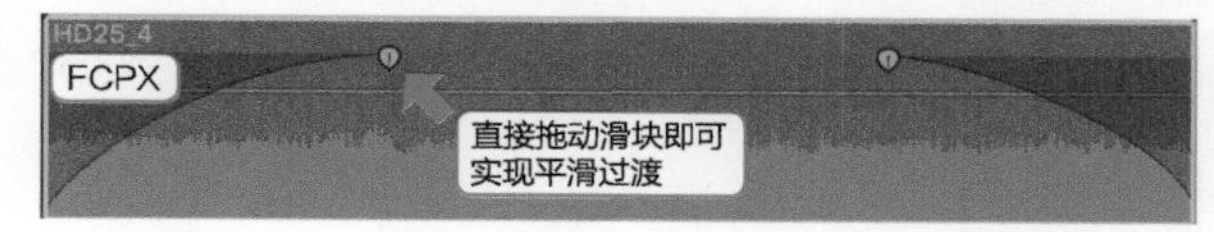

图 4-60

实例4-13

①打开FCPX，新建事件“实例4-13”，使用快捷键【Option】加拖动的方法将媒体片段全部复制到其中。打开新建项目，将“HD25_3”和“HD25_4”拖动到“时间线”上，使用快捷键【Shift】+【Z】最大化显示。单击“索引”面板的“角色”按钮，然后单击“显示或折叠通道条”按钮，将音频通道展开。单击“时间线”面板设置，单击第二行第一个按钮，将音频片段最大化显示，拖动第三行滑块，将音频片段纵向调整到合适高度。

②如图 4-61所示，按照图中箭头指示位置，在音频片段上上下拖动音量线，调整音量大小。在“音频检查器”面板上，可以通过拖动音量滑块的方式调整音量大小。在“时间线”音频片段的开始端和结束端左右拖动滑块，可以调整音频的淡入淡出效果。

图 4-61

● DaVinci

与FCPX非常类似，而且比FCPX更加灵活，同样是调整音频片段边界的控制手柄，只是这里多出了一个圆形控制手柄。调整时，先拖动顶部手柄，调整淡入淡出时长，然后再调整中部的滑块，将直线调整为平滑曲线，如图 4-62所示。

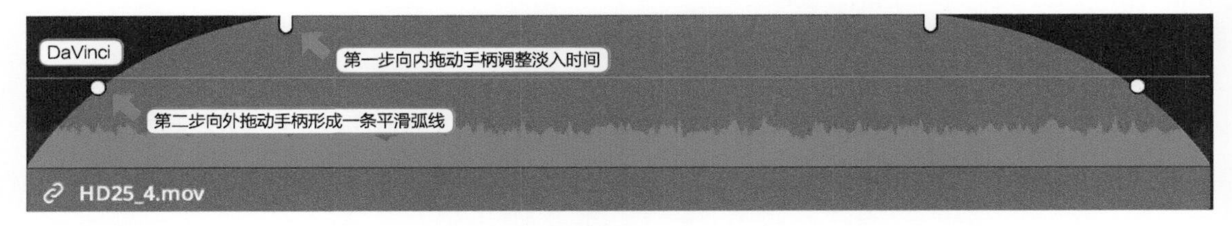

图 4-62

实例4-14

使用DaVinci打开"实例4-11"，另存为"实例4-14"，将"时间线"上的媒体片段删除，将"HD25_3"和"HD25_4"两个片段拖动到"时间线"上，按快捷键【Shift】+【Z】，最大化显示。单击"时间线设置"按钮，选择"片段显示选项"中的第三个按钮，并将音轨高度滑块调整到最大。调整音频音量和淡入淡出效果的操作与FCPX类似，这里不再赘述，按照图 4-63所示完成调整练习，保存并导出项目。

图 4-63

● Pr

在Pr 中的调整操作较为复杂，要想解决这个问题，首先引入一个关键帧的概念。简单说就是在这个帧保存该片段的位置、大小、方向等各种参数，在该帧前后再设置一个关键帧，修改某一部分参数。这样在两个关键帧之间，软件会自动生成一系列的过渡参数，形成动画效果。

以音频的淡入淡出效果为例，至少需要设置两个关键帧，一个保存当前正在播放的音频参数，另一个将音量参数调低或调高，这样就会生成一个淡入淡出效果。主要操作在“效果控件”中完成，展开“音频效果” > “音量” > “级别”，添加前后两个关键帧，并调整音量参数，下面以具体实例来说明。

实例4-15

使用Pr 打开“实例4-12”，另存为“实例4-15”，进行如下操作。

①在“时间线”上单击需要制作淡入淡出效果的音频片段。

②单击“音频面板”右侧的折叠按钮，找到并打开“效果控件”面板。

③拖动“播放指示器”（“时间线”和“效果面板”均可）至片段开始位置。

④按住“音量” > “级别”上的参数并拖动至最左端（音量最低）。

⑤拖动“播放指示器”至1秒处（也可根据实际需要）。

⑥单击“音量” > “级别”上的参数并修改为0（原始参数）。

面板设置如图4-64所示，“时间线”效果如图4-65所示。使用上述方法制作出的关键帧曲线，仍没有另外两款软件制作的平滑，继续调整。

⑦在片段起始和结束的关键帧上单击鼠标右键，单击“贝塞尔曲线”命令，然后调整关键帧蓝色手柄，将曲线调整平滑，如图 4-66所示。

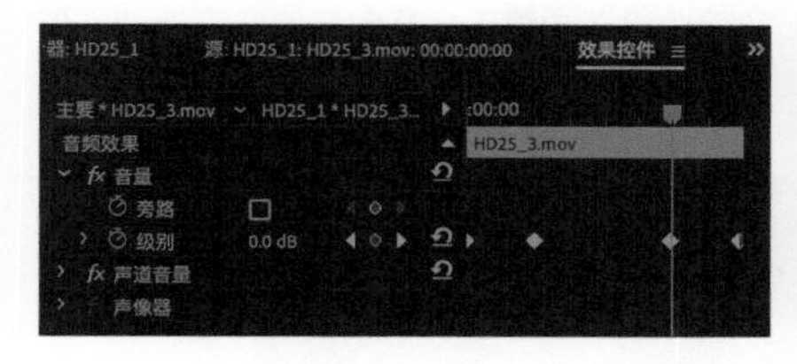

图 4-64

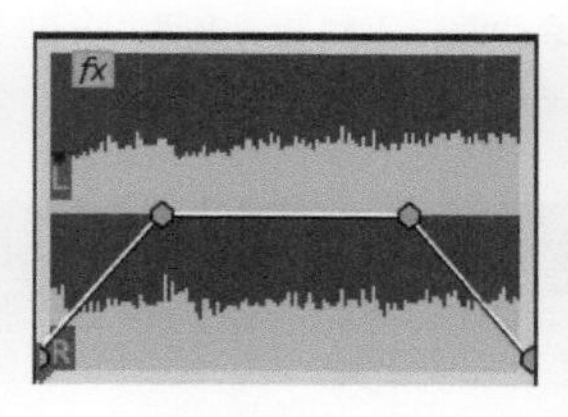

图 4-65

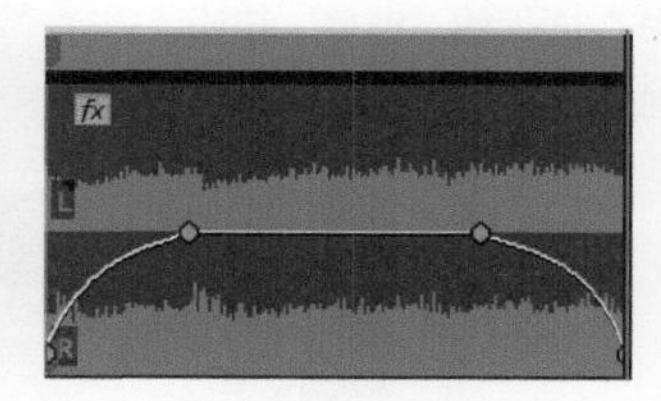

图 4-66

4.8 J 型剪辑（J Cut）和 L 型剪辑（L Cut）

前面介绍了很多剪辑的操作，下面介绍两种常用的视频和音频剪辑方法。先插一句话，个人以为，实践一定要跟理论相结合，否则只能一直在底层徘徊。所以学习完剪辑操作之后，可以多看一些剪辑艺术方面的书籍，站在高处再往下看会是另一片天地。技术是可以学习的，但艺术却无法替代。

4.8.1 J 型剪辑

J型剪辑（J Cut）就是声音在对应的视频之前出现。比如人物的采访，首先人物说话的声音先出现，然后人物采访的画面进入，这样转换显得很自然，也很容易吸引别人的注意——观众首先会琢磨这是谁在说话，然后画面出现，"哦，原来是他啊"。也可以是背景音乐首先响起，然后配合的画面再出现。试想，当淡淡的音乐响起，然后出现青春时校园的景色和美好记忆的画面，多么吸引人啊。

4.8.2 L 型剪辑

L型剪辑（L Cut）不是简单地指声音在视频之后出现，而是应当理解成在声音还没有结束的时候，新的视频片段切入。比如人物讲话的视频片段，如果始终是人物本身的镜头，滔滔不绝地讲个没完，很容易会审美疲劳，这时如果使用L型剪辑（L Cut），在人物讲话的时候，将画面切走，转换成对应讲话内容的镜头，这样视频画面就丰富多了。

使用这两种剪辑方式时特别需要注意的是画面和声音的对应关系，不要刻意为了使用这种剪辑技巧而使用，也不是要每个剪辑片段都要用，如果使用不好会让人觉得很唐突，难以理解。

实例4-16

使用Pr 打开"实例4-15"，另存为"实例4-16"，将"时间线"上的片段全部删除，将"HD25_3"和"HD25_4"导入到"时间线"上（注意这里都是取的片段的部分长度）。调整到大小合适的视图，单击关闭"时间线"面板的"链接"按钮，选择"滚动编辑工具"，在两个相连的音频片段之间单击，并向左或向右拖动，形成J型或L型剪辑，如图 4-67所示。

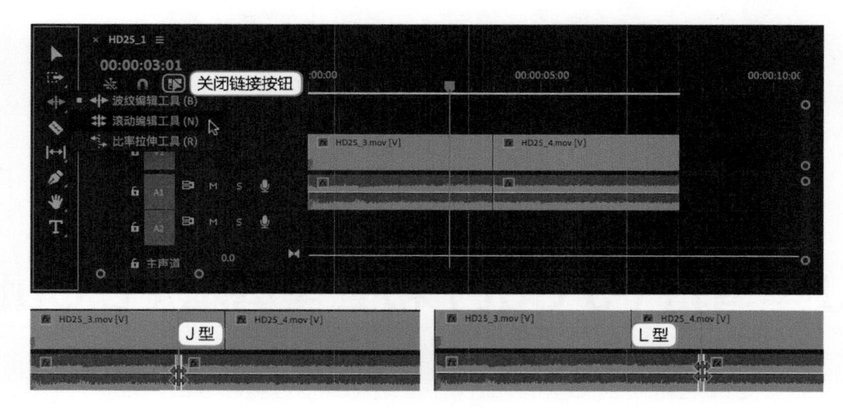

图 4-67

秋天是收获的季节，是色彩缤纷的季节。经过了前面的学习，我们已经具备了视频剪辑的基本技能，可以一展身手了。可能并不完美，可能还不优秀，但就像蹒跚学步的孩童，总要迈出第一步。

第5章

“剪刀手”来想象——转场、效果、调色、文字

05

本章学习一些高级操作，主要用来润色、点缀影视作品，内容包括镜头之间的转场、添加特效、调整色彩风格和添加标题字幕等。注意特效从来都是为影视作品服务的，不是为了炫耀的。

转场、效果、调色、文字等是影视制作的重要组成部分，考虑到本书主要针对入门读者，这里统一在本章中进行简要介绍。

其实，一部影视作品的核心还是在镜头，比如我师父，几乎很少使用转场和特效，都是使用镜头画面切换，过渡自然，不留丝毫痕迹，制作出的影片浑然天成。我曾问过他的秘密和法宝是什么，这里也告诉大家，他的秘籍是在前期拍摄时就要亲自参与其中，心中构思好整部片子，拍摄时就将画面曝光、色彩，以及镜头全景、中景、特写等都处理到位，这样后期就相当容易了。但对初学者来说，很少是先去编写一个脚本，然后按照脚本去拍摄，而是遇到好的画面随时拍摄，后期再集中进行整理，所以适当加一些转场和特效也是很有必要的。

通过本章的学习，希望能够让读者对转场、特效等内容有所了解，熟悉三款软件的相应操作，未来有需要的时候也可以深入进行研究。现在很多效果都是制作好的，以第三方插件的形式提供，读者可以下载尝试，切记如果是商业应用，要特别注意版权问题。同时需要注意的是，对于新手来说，很容易陷入一个误区，就是各种转场特效猛劲加。实际上笔者本人在刚开始学习时也是这样，看到每一种效果都感觉"哇！"，结果是效果堆砌了一大堆，最后的视频却根本无法直视。所以，读者们一定要注意适度原则。当然，在制作视频相册等时可以相对多用一些。

5.1 转场

转场的意思是由片段A过渡到片段B的特殊效果，比如常用的"交叉溶解"是指片段A逐步淡出，同时片段B逐步淡入。其他转场效果还有很多，读者可以逐一尝试，记住一个词，就是一定要用得"恰如其分"。

5.1.1 Premiere Pro CC

- **转场添加**

在Pr 中单击"效果"工作区，在右上方"效果"面板找到"视频过渡"文件夹，如图 5-1所示。这里是全部转场效果，其中每个文件夹又都可以展开，刚才提到的"交叉溶解"在"溶解"文件夹，展开后，按住"交叉溶解"按钮，并拖动到"时间线"轨道上两个相邻的片段之间，完成转场设置，如图

5-2所示。可以把“播放指示器”放到这里并且播放查看效果，其他转场效果设置方法类似。

补充说明两点，一是在“编辑”工作区同样可以完成类似操作，在左下角“组件”面板旁边的折叠按钮中找到“效果”面板即可；二是在单个片段两端同样可以添加转场效果，不一定必须在两个片段之间。

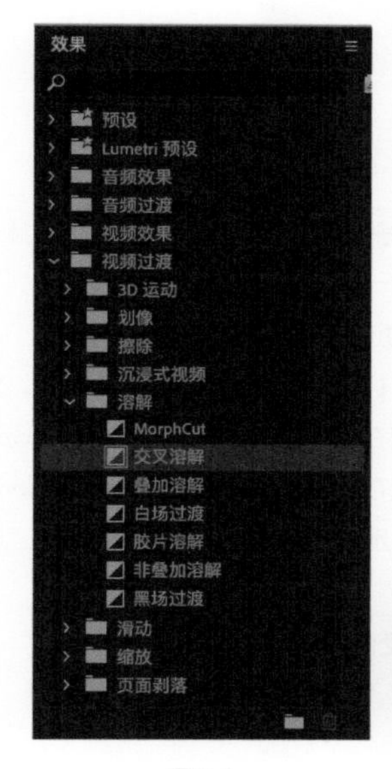

图 5-1

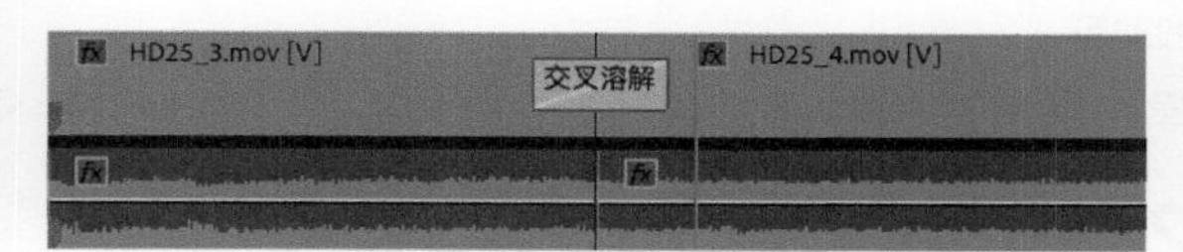

图 5-2

技巧放送

对于常用的“交叉溶解”转场效果，通常使用快捷键的方式进行设置，首先单击两个片段之间的连接处（可以是前一个片段的结尾，也可以是下一个片段的开头），使用快捷键【Ctrl】（Mac【Command】）+【D】即可完成。如果想修改默认转场效果，只要在“效果”面板的“视频过渡”中找到相应转场，在其上单击鼠标右键，选择“将所选过渡设置为默认过渡”即可。音频片段添加转场快捷键为【Shift】+【Ctrl】（Mac【Command】）+【D】。

● 转场调整

转场效果设置完毕后，还可以进行精确调整。单击时间线上添加的“交叉溶解”图标，在“效果控件”面板中可以看到能够修改的效果参数，如图 5-3所示。单击并拖动“持续时间”，可以看到转场效果片段变长（或者直接在转场片段两侧拖动），视频片段和转场片段都可以拖动，以精确调整转场出入点位置。“对齐”下拉列表可以选择转场片段中心点位置。“显示实际源”是在其上部转场演示的A、B画面图标由实际视频替代。需要注意的是不同转场效果其参数设置是不同的，直接单击尝试即可。

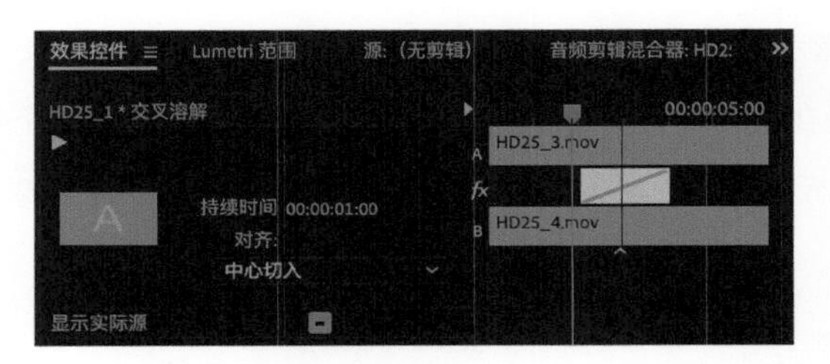

图 5-3

实例5-1

①使用Pr 打开"实例4-16"，另存为"实例5-1"，删除"时间线"上所有片段，打开"组件"工作区，在"项目"面板中，按住【Ctrl】键（Mac【Command】键），依次单击"HD25_1""HD25_2""HD25_3""HD25_4"四个片段，将其拖动到"时间线"上。

②进入"效果"工作区，单击"时间线"任意位置，键盘上按快捷键【\】，调整"时间线"视图。全部框选媒体片段后，按快捷键【Ctrl】（Mac【Command】）+【D】，可以快速在所选视频片段之间添加转场过渡效果；按快捷键【Shift】+【Ctrl】（Mac【Command】）+【D】，可以快速在所选音频片段之间添加转场过渡效果。如果部分片段之间没有自动添加，是因为所选片段前后预留的融合长度不足，调整片段的"入点"和"出点"位置后，重新添加即可。

③单击任意一个转场片段，在"效果控件"面板中，修改参数并观察变化情况。

5.1.2 Final Cut Pro X

● 转场添加

FCPX的转场在软件界面右下方，如图 5-4所示，单击后，会看到各种转场特效。找到"叠化"然后找到"交叉叠化"，将其拖动到"时间线"上的两个视频片段之间，完成转场效果的制作。

FCPX中全部是图形化的界面，能非常直观地看到转场效果是什么，这点对入门读者来说是非常棒的。

图 5-4

技巧放送

FCPX 添加转场的快捷键为【Command】+【T】，同样可以采用在转场效果上单击鼠标右键的方式，将其设置为默认转场效果。

● 转场调整

在添加完转场效果之后，同样可以实现精确控制。在添加的转场效果片段上使用鼠标右键单击，在弹出的菜单中选择“显示精确度编辑器”，在这个界面中，可以使用像视频片段剪辑一样的操作方法，精确编辑转场效果片段，同时注意观察检视器，直到得到满意的效果。当鼠标放置到不同位置时，可以实现不同的剪辑操作，如图 5-5所示。

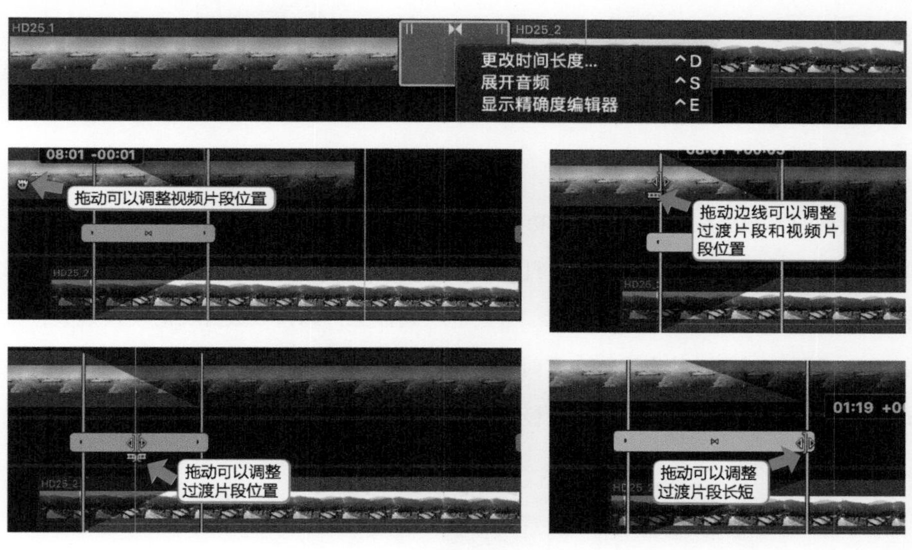

图 5-5

当鼠标在视频片段上的非过渡位置时，会变成小手图标，拖动可以调整视频片段位置。

当鼠标在视频片段边界线时，会变成剪辑工具，拖动可以同时调整过渡片段和视频片段位置。

当鼠标在过渡片段中间部位时，变成剪辑工具，可以直接拖动调整过渡片段位置。

当鼠标在过渡片段两端时，变成剪辑工具，可以直接拖动调整过渡片段长短。

调整后，可以按快捷键【Return】关闭精确度编辑器界面。

实例5-2

使用FCPX新建事件“实例5-2”。打开新建的项目，将“HD25_1”“HD25_2”片段拖动到“时间线”上，在两者相连处单击，使用快捷键【Command】+【T】添加过渡片段。单击鼠标右键并选择“显示精确度”编辑器，在展开的“时间线”上进行精度编辑练习。

5.1.3 DaVinci Resolve 15

● 转场添加

DaVinci的转场效果在"编辑"工作区完成，单击左上角的"特效库"面板，单击"视频转场"，即可找到转场效果，如图 5-6所示。同样地，可以在"叠化"中找到"交叉叠化"，直接拖动到"时间线"两个片段之间。

图 5-6

● 转场设置

DaVinci同样可以进行精度编辑，而且功能更为强大，既可以在"检查器"面板中完成，也可以直接在"时间线"面板上以图像化形式完成。打开工作区右上方的"检查器"面板，单击刚刚添加的"交叉叠化"转场效果，相应的修改参数出现在"检查器"面板上，调整参数并实时观察效果，直到达到满意状态，如图 5-7所示。另一种方法，在"时间线"上，直接拖动转场片段边缘，可延长或缩短转场时间；单击片段上的菱形图标，展开关键帧面板，可直接调整关键帧位置；单击曲线图标，可编辑转场的平滑效果，如图 5-8所示。

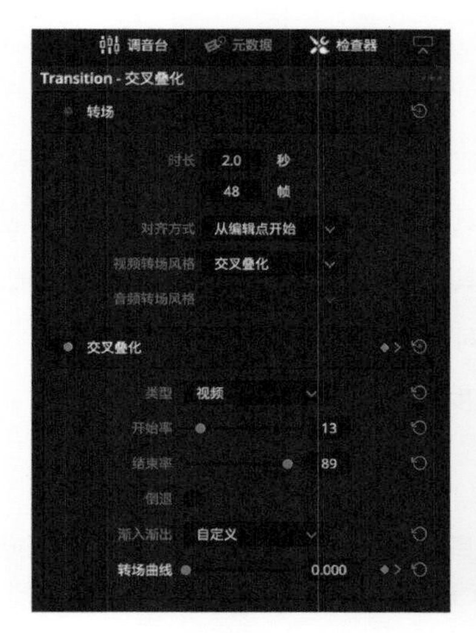

图 5-7

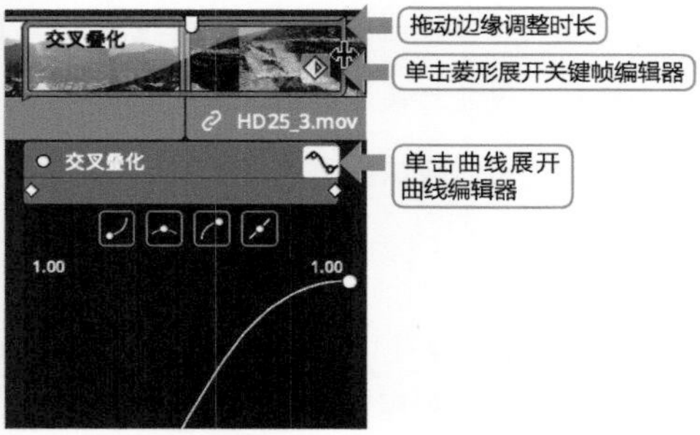

交叉叠化
HD25_3.mov
拖动边缘调整时长
单击菱形展开关键帧编辑器
单击曲线展开曲线编辑器
1.00
1.00

图 5-8

实例5-3

使用DaVinci打开“实例4-14”，另存为“实例5-3”，删除“时间线”上片段，将“HD25_2”“HD25_3”“HD25_4”三个片段拖动到时间线上。全部框选后使用快捷键【Ctrl】（Mac【Command】）+【T】，添加转场过渡效果。这里有几点需要注意：一是DaVinci的快捷键可以根据使用习惯（Pr 或FCPX）进行设置；二是如果“时间线”片段长度不足以添加转场效果，会弹出提示对话框，并提供方案选择；三是对“时间线”上片段框选时，使用不同的工具会有不同的效果，“选择工具”框选的是整个片段，而“波纹剪辑工具”框选的是片段的两端，比如可以使用“波纹剪辑工具”框选三个片段之间的两个连接处，然后添加转场，如图 5-9所示。

转场添加完成后，可以使用前面介绍的方法进行相关设置，建议通常一次调整一个参数，然后对比前后变化，这样就可以知道该参数的作用，如果同时调整很多参数，容易造成混乱。

完成后保存并导出项目。

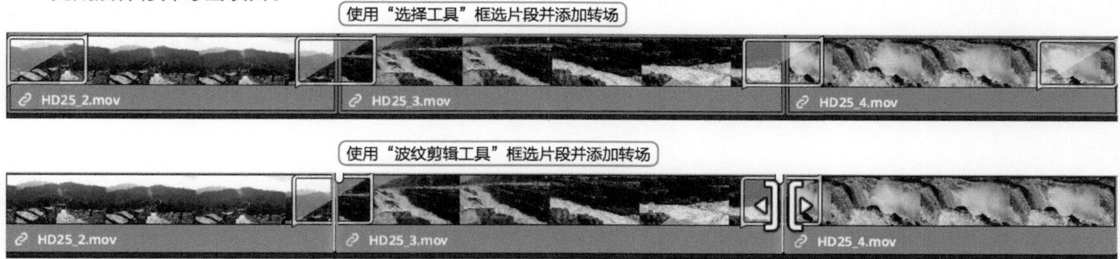

图 5-9

5.2 效果

效果就像哈利波特的魔法棒，理论上什么样的效果都可以实现，如果在剪辑软件中无法完成，还有更专业的特效制作软件，比如同为Adobe公司的After Effect及同为Apple公司的Motion等，所以这里所缺的只有你的想象力。

5.2.1 Premiere Pro CC

这里简要介绍一下操作方法。与之前的转场类似，单击“效果”工作区，在右上方的“效果”面板，展开“视频效果”或“音频效果”目录，可以看到有很多的效果选项。Pr 一如既往地坚持着文字罗列的方式，这点还是不太方便，读者可以经常单击尝试，其实真正常用的并不多。选择好需要的效果后，直接拖动到视频或音频片段上即可，然后在左上方的“效果控件”面板上，对其参数进行修改，或者通过设置关键帧方式制作效果动画。

以下挑选几个常用的效果进行介绍，使用时只要满足需要即可，不必完全弄懂每一个参数的具体意义。同样一种效果可以有多种实现方法，没有什么好与坏之分，只要达到预期目的即可。

● 变换

方法一：首先在"时间线"上单击需要剪辑的片段，在"效果"工作区的左上方"效果控件"面板中，展开"视频效果">"运动"，该效果是每个视频效果自带，无须重新加载。这里制作一个视频缩小的动画。将"播放指示器"调整到媒体片段的前端，单击"缩放"选项前端的"切换动画"（秒表）按钮，单击右侧的"添加/移除关键帧"（小圆点）按钮，设置第一个"关键帧"。然后将"播放指示器"移动至视频片段末端，同样单击"添加/移除关键帧"按钮，设置第二个"关键帧"，同时把"缩放"后的数值调整为"50"（或其他），完成设置，如图5-10所示。将"播放指示器"移动至第一个"关键帧"左侧，单击播放，可以看到"节目监视器"中的视频图像在播放过程中等比缩小了50%，如图5-11所示。

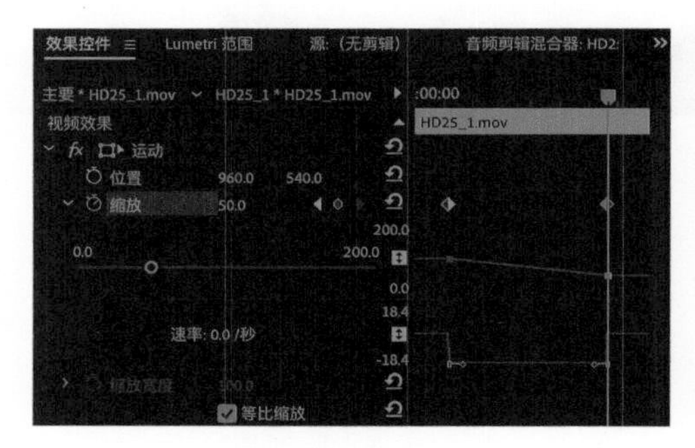

图 5-10

图 5-11

方法二：在"效果"面板中单击"视频效果">"扭曲">"变换"，拖动至"时间线"选择的片段上（或者双击），然后在"效果控件"面板中展开"变换"效果。可以看到，这里同样有"锚点""位置""缩放"等，而且参数更细，如图 5-12所示，同时修改"位置""缩放""旋转""不透明度"四个参数，实现视频相册中常见的片段旋转缩放消失效果。

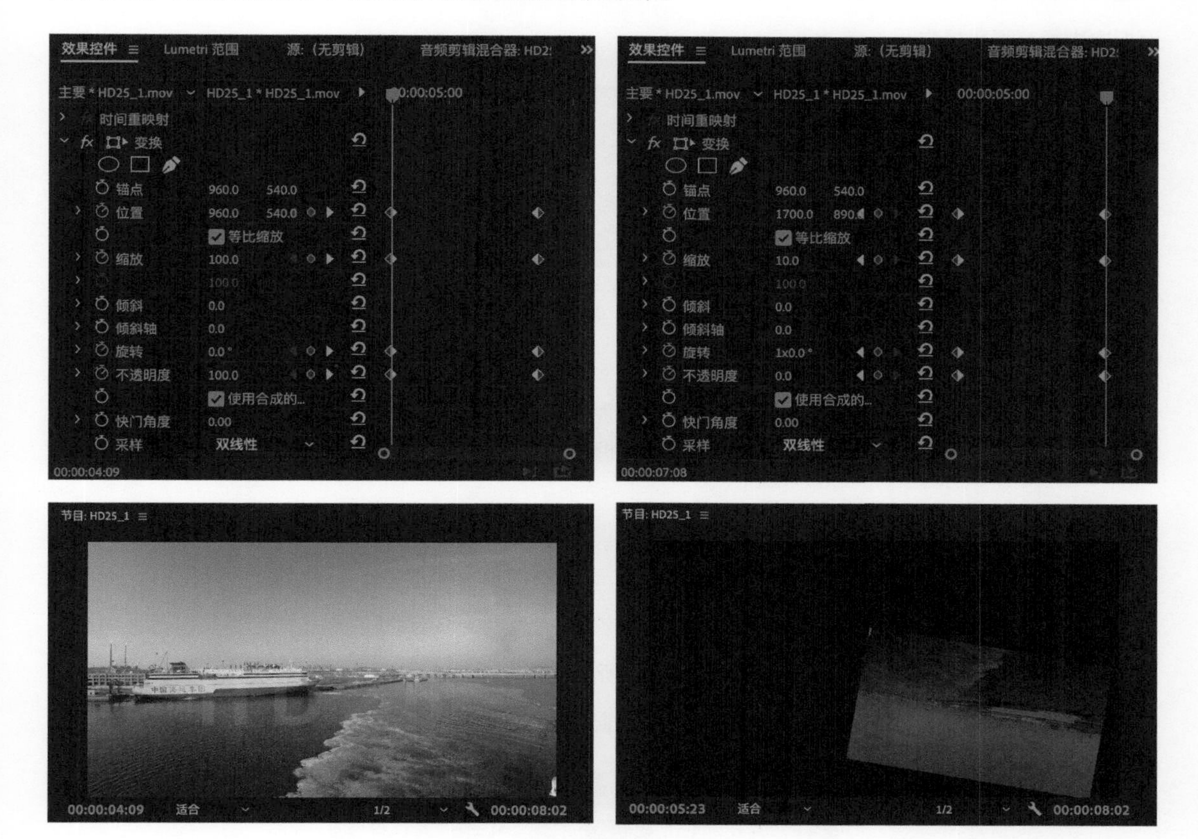

图 5-12

● 湍流置换

这里介绍一个比较有意思的特效，能够把图像进行扭曲。将"HD50_1"拖动到"时间线"上，在右侧的"效果"面板中，找到"扭曲">"湍流置换"，拖动至该片段上，如图5-13所示。在"效果控件"面板展开"湍流置换"，调整"数量""大小"等参数，这时可以看到整个画面产生了扭曲效果，如图 5-14所示。

这里再进阶一步，拓展一下使用技巧。显然陆地和大桥全都发生了扭曲，这是不符合希望要求的。继续观察"效果控件"中的"湍流置换"选项，可以看到有"椭圆形""长方形""钢笔"三个图标，这是蒙版，简单理解就是将期望发生效果的区域圈起来，区域以外的不受效果影响。这里尝试使用钢笔工具，将海面部分圈起来，如图 5-15所示。再次播放查看，这次海岸和大桥等都没有发生变化，只有海面发生了扭曲。记住这里新学的知识——蒙版，在效果制作中的使用是非常多的。蒙版同样可以制作关键帧动画，实例中已经完成了，读者可以参考。需要说明的是大部分操作可以直接在“节目监视器”面板中进行可视化操作。

图 5-13

图 5-14

图 5-15

实例5-4

使用Pr 打开“实例5-1”，另存为“实例5-4”，按照“HD25_1”“HD25_1”“HD50_1”的顺序将片段拖动到“时间线”上，按照前面介绍的方法为每个片段添加相应的效果。

5.2.2 Final Cut Pro X

在软件界面右下方“转场”按钮的旁边，是“效果”按钮，单击后可以看到，同样是以各种动态演示的形式罗列，如图 5-16所示，非常直观易用。所以这里无须过多说明，找到自己需要的效果，直接拖动到视频片段上即可，相关参数调整在“视频检查器”面板中进行。下面仍然以给海面设置“波浪”扭曲为例进行介绍，便于读者对比学习。

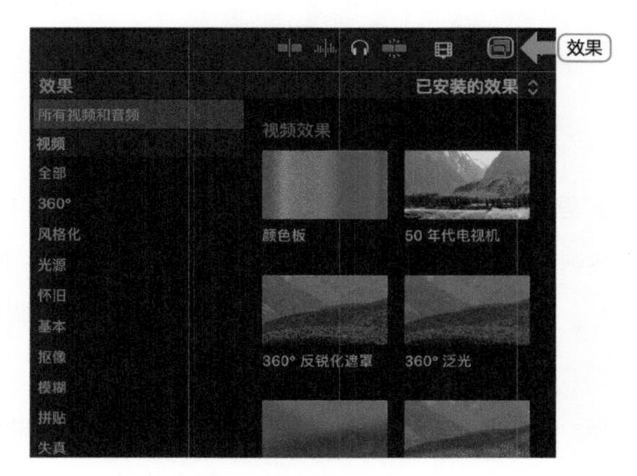

图 5-16

实例5-5

①在FCPX中新建事件“实例5-5”，打开新建的项目，将“HD25_1”拖动到“时间线”（用于设定项目属性），再将“HD100_2”拖动到“时间线”，在“效果”面板中，找到“视频”>“失真”>“波浪”，如图5-17所示。将其拖动到该片段上，在“检视器”面板看到视频图像已经发生了扭曲，如图 5-18所示。

图 5-17

图 5-18

②接下来为效果制作动画。按键盘方向键【 ↑ 】，跳到该片段的开头，在右上方的“视频检查器”面板，单击“Offset”右侧的菱形按钮添加“关键帧”，将其数值调整为-20；然后按方向键【 ↓ 】跳到该片段的结尾，再次单击添加“Offset”的“关键帧”并且调整数值为+20，如图 5-19所示。播放查看，画面变成波浪式滚动。

图 5-19

③同样的问题是楼房等一同发生了扭曲，解决办法如下。当鼠标放到“视频检视器”的“波浪”效果名称上时，右侧出现一个外方内圆形图标，即“遮罩”按钮，单击“添加形状遮罩”命令，在“检视器”上调整各个控制手柄，将海面部分圈起来，这样就将效果范围限制到局部区域了，如图 5-20所示。

图 5-20

④继续进阶操作。添加遮罩后，虽然楼房扭曲问题解决了，但是当播放到该片段尾部时，轮船还是受到了扭曲影响。这里可以给遮罩添加关键帧动画，回到片段开始端，在"波浪"效果中的"形状遮罩"右侧，单击添加关键帧；在片段结尾处，单击添加关键帧，并调整遮罩形状，避开轮船船体，如图 5-21所示完成设置。

图 5-21

⑤接下来可以进行更细致的调整。在"时间线"片段上单击鼠标右键，在弹出的菜单中选择"显示视频动画"（快捷键【Control】+【V】），如图5-22所示。所有关键帧动画将会显示出来，在如图 5-23所示位置，通过快捷键【Option】+【K】，再添加一个关键帧，在"检视器"中适当调整遮罩大小，使之更好地覆盖海面。

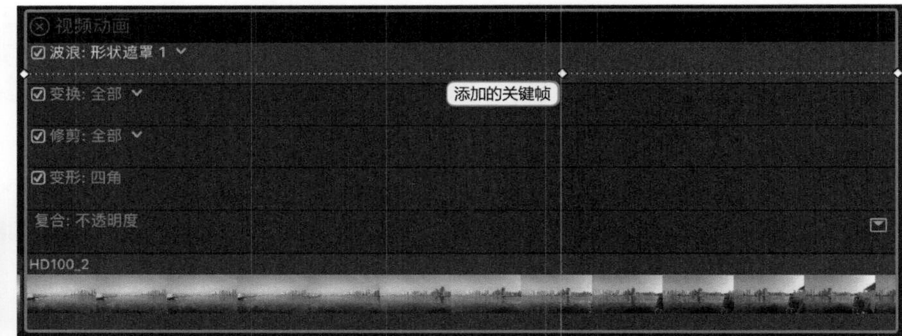

图 5-22　　图 5-23

通过上述实例也会发现，不同剪辑软件的操作原理都是大同小异，所以本书特别希望读者能够通过对比学习，掌握基本的原理和方法，这样不论未来遇到什么剪辑软件，都能轻松上手。

5.2.3 DaVinci Resolve 15

"Fusion"（效果）工作区是15.0版本增加的内容，整体操作相对来说新一点，可能很多人刚开始会不习惯。DaVinci与Adobe系列软件的操作理念有所不同，采用的是"结点"式的编辑方式，而

Adobe系列对应的是“图层”式编辑。DaVinci软件的结点方式可以串行连接也可以并行连接，非常灵活，但是操作上也会略为烦琐，两者各有利弊。

由于本书面向入门读者，这里就不再详细介绍了，相关操作如图 5-24所示，有兴趣的读者可以进行尝试（这里同样实现了水波纹效果）。

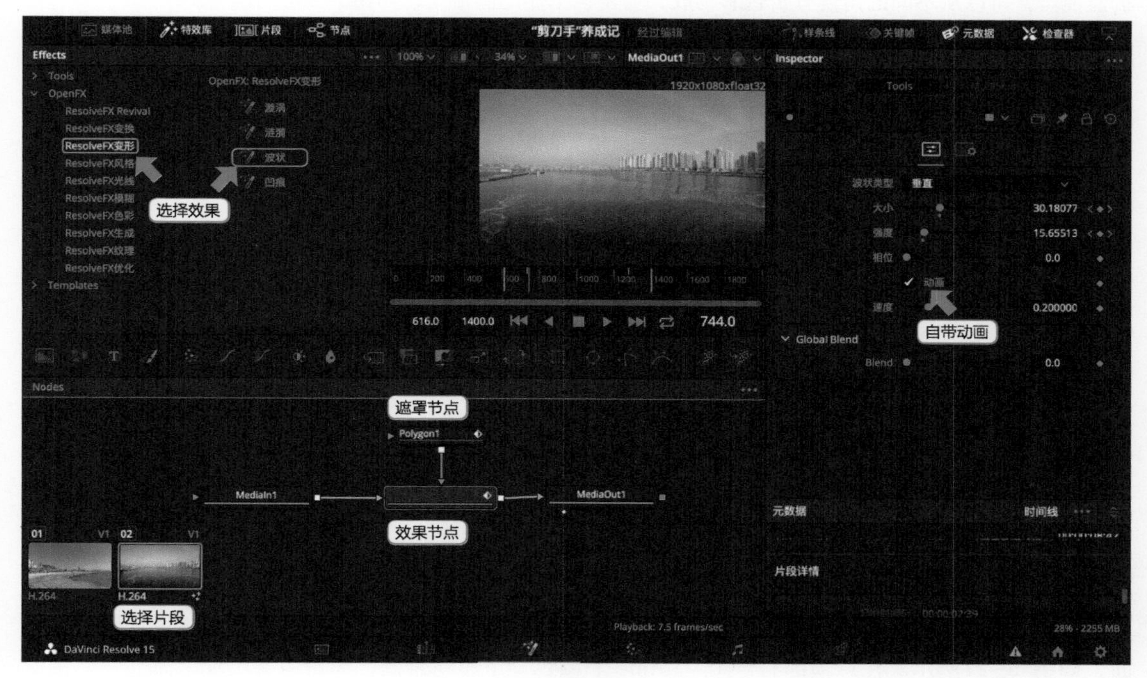

图 5-24

实例5-6

这个实例不需要读者完成，只要打开研究尝试一下即可，以后有需要可以进一步拓展学习。

5.3 调色

调色也可以称为色彩调整，主要目的是将视频形成统一、准确、有一定风格的色彩，调色后的影片能使观众感受到影片的氛围——或愉悦、或压抑、或神秘、或惊悚，达到引人入胜的目的。这是DaVinci的强项。由于消费级拍摄设备导出的影片基本上都进行过调色了，不能说严格准确，但也是色彩非常鲜明了，通常可以跳过调色步骤。这里简单介绍一下各款软件的“调色”操作方法，具体的调色理论可以阅读相关书籍。

5.3.1 Premiere Pro CC

单击进入"调色"工作区，在左上角选择"Lumetri范围"面板，单击鼠标右键，将"矢量示波器HLS""直方图""分量（RGB）""波形（RGB）"等进行勾选，如图 5-25所示。这些都是色彩分析监视器，可以从不同的角度分析色彩构成，为调色工作提供帮助，如图5-26所示。

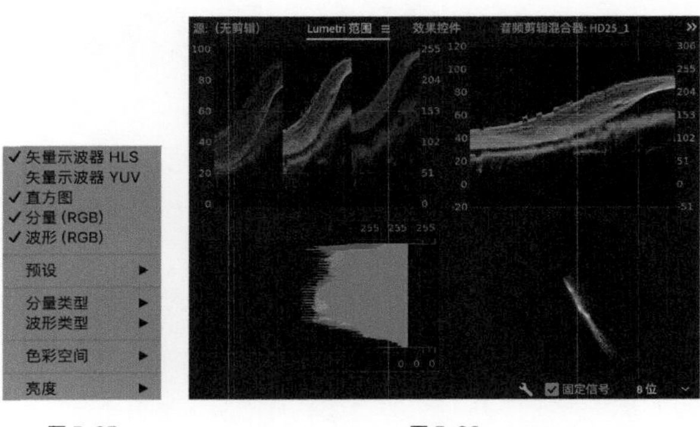

图 5-25　　图 5-26

中间的"节目监视器"面板用来监视实际显示效果，进行专业视频制作的读者一定不要忘记先把显示器调校好，否则一切工作全都白费。

右上方是"Lumetri颜色"面板，这里主要有"基本校正""创意""曲线""色轮和匹配""HSL辅助""晕影"六个选项，每一个选项都是可以展开的，基本上包含了调色操作的方方面面，如图 5-27所示。注意顶部有一个"Lumetri颜色"下拉列表框，单击后会出现"添加""重命名""清除"等选项，如图5-28所示，这里主要用来创建调色图层，也是比较常用的，因为调色不是一步就能全部调整到位，要分不同的层次，比如调整明暗、调整色彩、调整饱和度、局部调整等，可以多建立几个"Lumetri颜色"色彩调整图层，并命名为不同的名字，便于调整和修改。

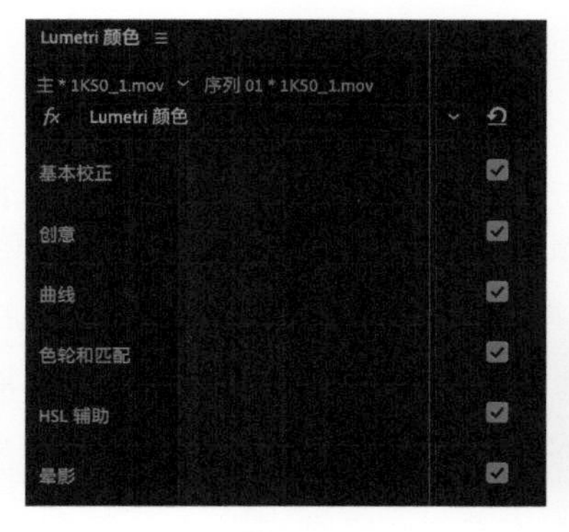

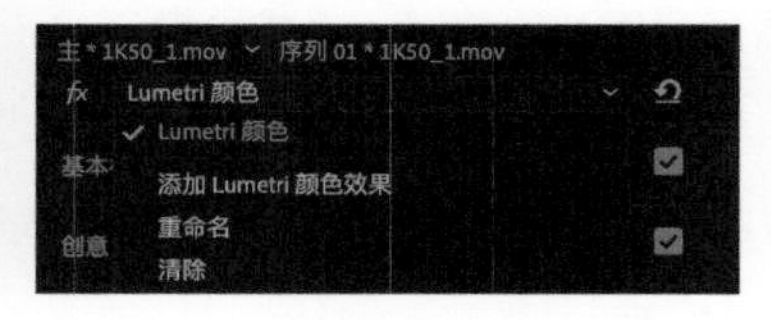

图 5-27　　图 5-28

● 基本校正

单击展开“基本校正”选项，其中“输入LUT”下拉列表框比较常用，如图 5-29所示。LUT可以简单理解为有人预先调整好的具有一定的色彩风格模板，能直接套用（关于LUT的历史由来，感兴趣的读者可以通过相关书籍或网络搜索查看）。单击该下拉列表，在列出的内容中尝试并找到自己喜欢的风格。其他参数比较好理解，跟Photoshop等软件基本一致。需要注意的是调色不能苛求一步到位，通常要先调整曝光、颜色等，再去调整色彩风格，否则很容易来回调整却无法达到满意效果。

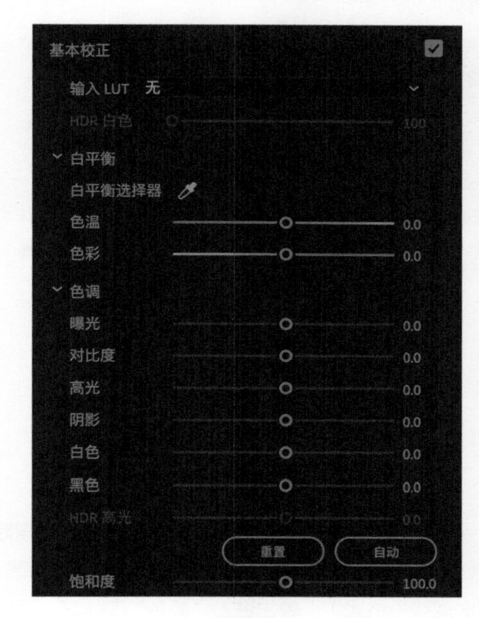

图 5-29

● 色轮和匹配

这里以色轮面板为例进行介绍，如图 5-30所示。单击“比较视图”按钮，会在“节目监视器”上同时显示参考视频片段和当前视频片段，注意参考视频片段下方有播放进度条可以调整，当前视频片段显示内容需要在“时间线”上调整“播放指示器”位置来实现。

三个色轮分别代表“高光”“阴影”“中间调”，通过字面意思可以理解，每个色轮分别调整视频的亮部、暗部和中间调区域。色轮旁边的垂直滑动条用来调整明亮度，当鼠标放到色轮中间时会出现十字图标，而且色轮会填满，用来调整对应部分的色彩，图 5-31所示为调整后的色轮状态。

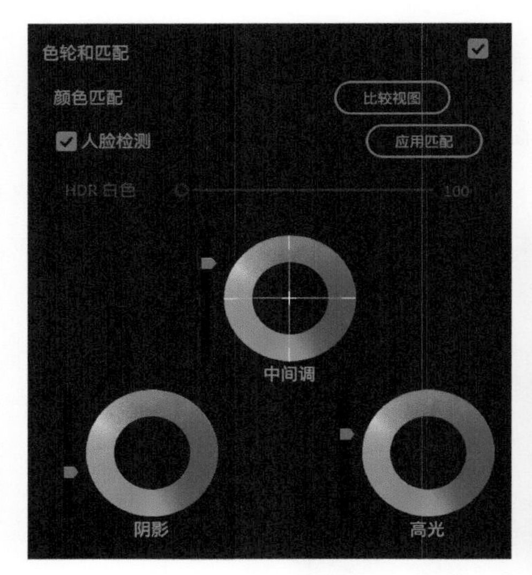

图 5-30

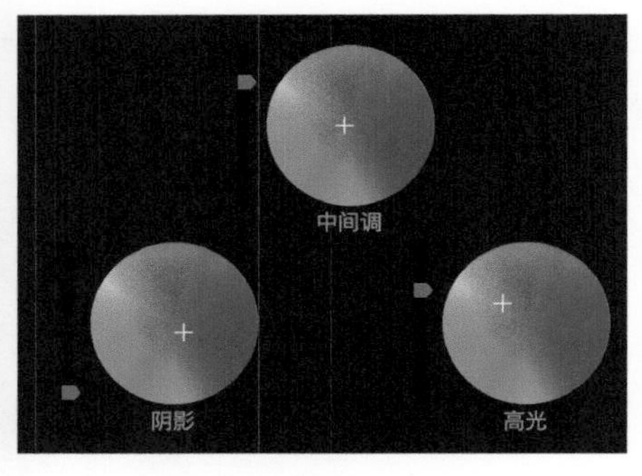

图 5-31

技巧放送

在"效果"面板中同样有"Lumetri 颜色"调整效果，操作方法与之前介绍相同，拖动至视频片段上即可，然后在"效果控件"上调整相关参数，读者可以尝试一下。

实例5-7

使用Pr 打开"实例5-4"，另存为"实例5-7"。在"组件"工作区，删除"时间线"上的片段，为片段"4K50_4"设置"入点"和"出点"，保留小船在海面上的约3秒钟画面，如图 5-32所示，将其拖动到"时间线"上（如果出现提示选择保留"时间线"格式）。单击进入"颜色"工作区，观察"Lumetri范围"面板，可以看到色彩大部分集中在中间部分，暗部和亮部都不足，色彩对比度不够，如图 5-33所示。另外还可以根据视频整体色调要求将海水调整为淡蓝色或蓝绿色，调整方式有很多，这里介绍几种简单常用的方法，都是在"Lumetri颜色"面板完成。

图 5-32

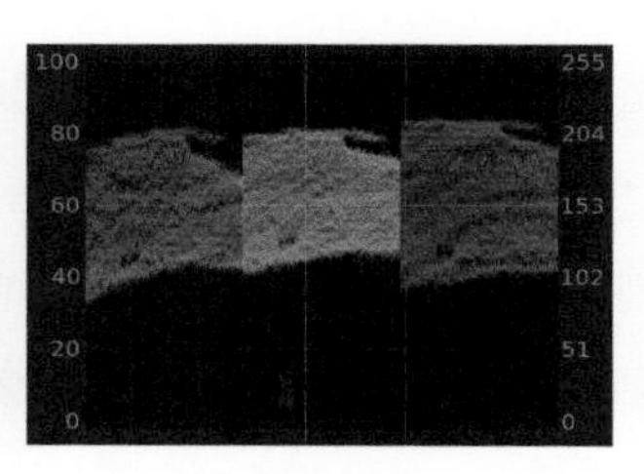

图 5-33

① 单击“基本校正”栏里面的“输入LUT”下拉列表，如图 5-34所示。通常默认的LUT并不能满足使用需要，可以单击“浏览”命令，加载所需风格的LUT（通常通过网络下载积累）。本方法简单高效，但是并不够准确，仍然要配合局部调整。

②在“基本校正”栏，单击“自动”按钮，如图 5-35所示，软件会自动分析并调整相应参数，该方法特别适用于初学者，虽然效果不一定很理想，但是也不会犯什么错误。

图 5-34

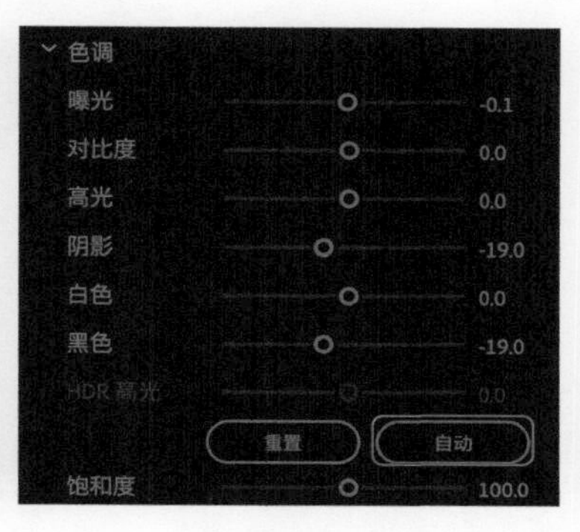

图 5-35

③ 单击展开“创意”栏，如图 5-36所示，这里面的“Look”下拉列表调整方式与刚才的LUT方法类似，但是这里可以调整加载的强度，而且很方便地看到预览画面，并且可以单击左右箭头进行切换尝试。

④ 单击展开“曲线”栏，如图 5-37所示。这是色彩调整的主力工具之一，学过PhotoShop软件的读者肯定都非常熟悉，这里不详细介绍了，感兴趣的可以深入研究一下“曲线”调整的基本原理。

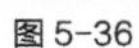
图 5-36

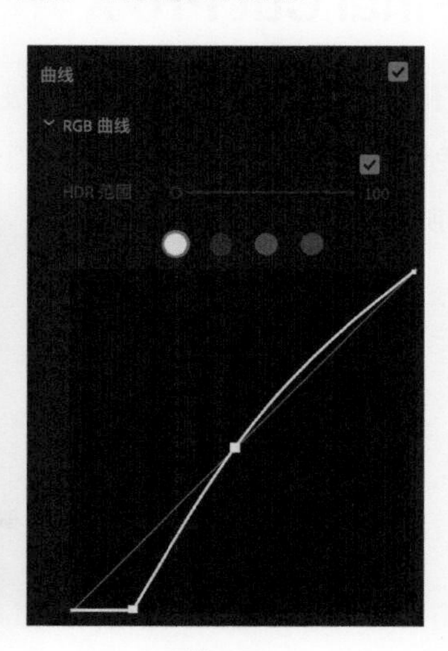

图 5-37

⑤ 单击展开“色轮和匹配”进行调整，之前已经进行了基本的介绍，这里就不赘述了。

另外补充一点，有时色彩调整希望进行的是局部调整，比如刚才小船片段当把暗部压暗后，小船就太黑了，需要给色彩调整设置一个限制范围。方法有很多，比如 "HSL辅助"栏目可以通过选取色彩范围的方式进行区域限制，也可以打开"效果控件"面板，为"Lumetri颜色"效果设置蒙版。这里使用钢笔工具为小船设置蒙版，勾选"已反转"选项可圈定小船以外区域，而且还可以设置自动跟踪方式跟踪视频中小船的位置变化等，如图 5-38所示。

图 5-38

5.3.2 Final Cut Pro X

最新版本专门对色彩调整部分进行了全面升级，这里只简单介绍一下操作方法。

首先进入"色调调整"工作区，单击"窗口" > "工作区" > "颜色与效果"，如图 5-39所示，工作界面如图 5-40所示。

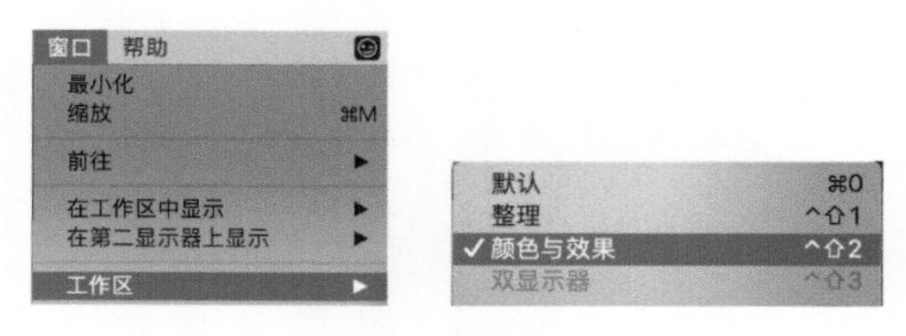

图 5-39

工作区左上方为"视频观测仪"面板，按照不同的色彩信息进行归类，主要用来显示视频片段的色彩信息，便于精准分析，辅助进行色彩调整。该面板主要包括了"直方图""矢量显示器""波形"等观测仪，还可以根据自身使用习惯和需要进行调整，单击面板上的"观测仪"下拉菜单，勾选相应仪表，如图 5-40所示红框。

图 5-40

工作区右上方的“颜色检查器”面板为主要的颜色调整操作面板，单击“无校正”下拉列表，可以添加“颜色板”“色轮”“颜色曲线”“色相/饱和度曲线”等，如图 5-41所示，可以简单对应Pr的“基本校正”“色轮和匹配”“曲线”等面板。

这里仍然以色轮为例进行简要说明，其他操作方法类似。单击“+色轮”命令，增加一个“色轮”调整面板，如图 5-42所示。与Pr色轮相同之处是同样有“高光”“阴影”“中间调”三个色轮，不同之处是多了一个“主”色轮，是指视频片段色彩整体调节。还有一个不同之处是在左右两侧各有一个调整半环，左侧调整半环是调整对应的饱和度，右侧调整半环是调整对应的亮度，中间圆点是调整对应的色彩。一边调整色轮，一边观察“视频观测仪”和“检视器”面板，避免调整过度。

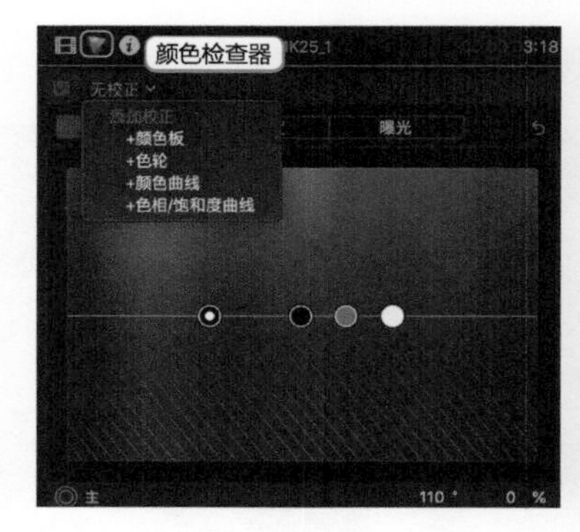

图 5-41

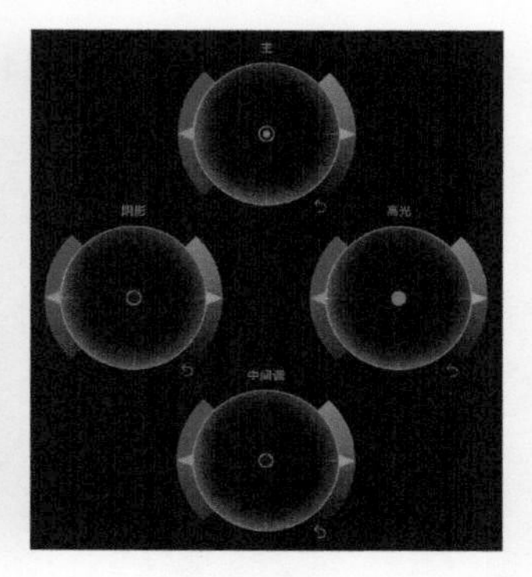

图 5-42

实例5-8

新建事件“实例5-8”并将媒体片段复制其中，将“HD100_2”片段拖入其中（在弹出的设置窗口中将帧速率选择为25p），单击“窗口”>“工作区”>“颜色与效果”,添加“色轮”面板，将“高光”色轮往金黄色偏红方向调整，这样就简单变成了一个太阳落山时的金色画面，如图 5-43所示。这里只是简单举例，实际还有很多细节需要调整。

图 5-43

5.3.3 DaVinci Resolve 15

调色才真正是DaVinci的主业，也是其价值体现，配合专业调色台，感觉非常“高大上”。但由于其采用了“节点”的理念，如果展开介绍的话内容会非常多，而且也不是本书想要说明的重点内容，所以这里仅做简单介绍，让读者有个直观的认识，至于是否要深入学习，还是看各自未来发展的需要。

单击进入“调色”工作区，在工具栏上单击第三个“色轮”按钮，在其右上方选择“一级校色轮”选项，又看到熟悉的色轮界面。同样，这里有四个色轮，在色轮下面还有一个横向的滚轮，操作方法类似，下部横向滚轮用来调整明暗，色轮用来调整颜色。右侧是“色彩监视器”面板，如果没有出现可以单击工具栏上的“示波器”按钮。单击“分量图”下拉列表，可以相应地调整“分量图”“波形图”“矢量图”“直方图”，这样就可以参照右侧面板的指示调整左侧面板相关参数，当然也要注意观看“检视器”中视频片段的实际效果，如图 5-44所示。

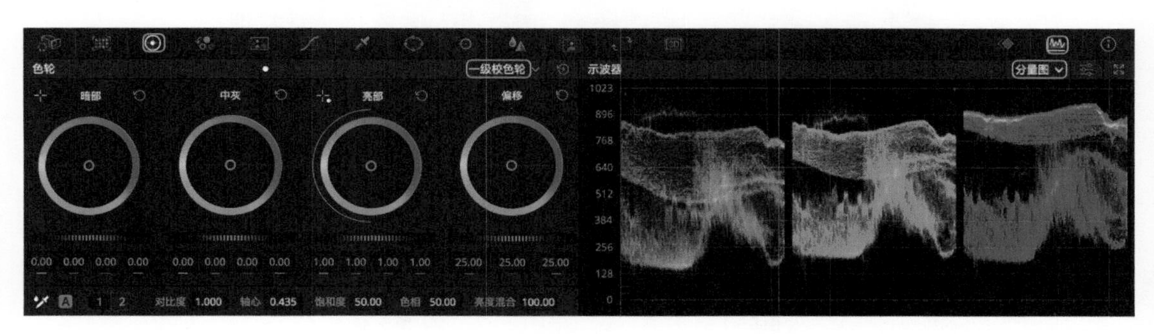

图 5-44

这里再拓展介绍一些常用操作，读者能学多少算多少，不必纠结。一个是可以在“调色”工作区左上方单击“LUT”按钮，如图 5-45所示，该面板里面有一些制作好的LUT可以直接使用，一般专业摄像机拍摄的是灰度色彩的视频，导入后需要加载LUT才能还原色彩。

另一个是右上方的“节点”面板，没有看到的请单击工作区右上方的“节点”按钮。每个节点保存着当前的调整信息，新建节点可以在当前节点上单击鼠标右键，选择“添加节点”>“添加串行节点”，如图 5-46所示，比如第一个节点是一级调色节点，第二个节点是二级调色节点等。

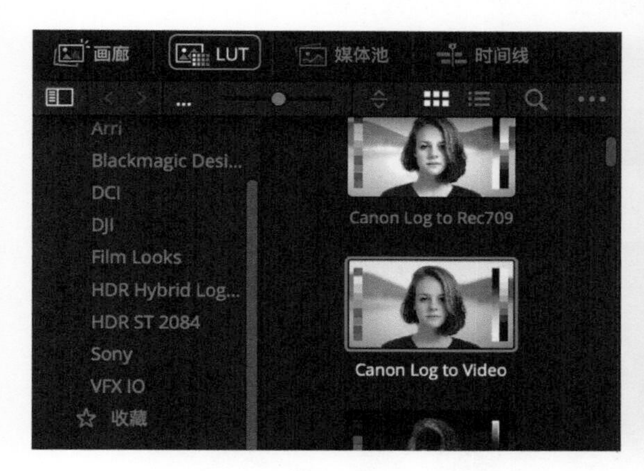

图 5-45

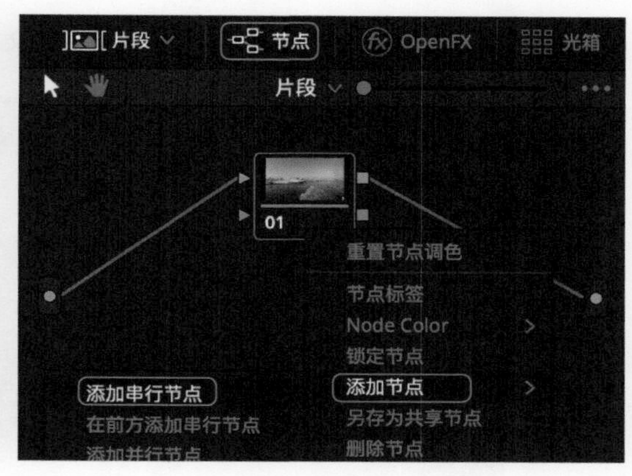

图 5-46

实例5-9

这里使用DaVinci制作了一个基本的简单实例，读者可以对照练习。“节点”是一个非常有意思的理念，没有必要望而生畏，只要静下心来学习就能掌握。

5.4 文字

视频的标题、字幕等都是文字形式，特别是制作广告短片，更要配合文字说明进行宣传。本节向读者介绍一下添加文字的几种方式。

5.4.1 Premiere Pro CC

新版本对文字编辑进行了很大的改进，把以往单独的文字编辑界面改进为Adobe家族统一的直接在视频界面上编辑的方式。“文字工具”为一个字母T按钮，单击后，直接在“监视器”窗口上输入要呈现的字幕，然后调整颜色、位置等属性。如果不太适应新版本，可单击"旧版本字幕"按钮，回到旧版字幕编辑界面。

● 文字编辑

首先单击进入"图形"工作区，可以看到在"节目监视器"左侧有工具栏（没有的请单击菜单中的"窗口">"工具"显示出来），单击"文字工具"按钮，然后在"节目监视器"中单击并输入文字。

这时会看到在"时间线"面板视频轨道最上方新增加了一个文字片段，叠加在视频片段上面，如图5-47所示。可以用像编辑视频片段同样的方式对文字片段进行剪辑，调整文字片段进入和消失的时间。

图 5-47

观察右侧的"基本图形"面板，里面新增加了一个文字图层，下面是文字图层的一些属性。"对齐并变换"选项卡主要调整文字在画面中的位置、大小、透明度等；"主样式"选项卡有一个下拉列表框，可以将调整好的文字样式作为模板保存起来，下次输入其他文字时可直接调用；"文本"选项卡用来修改文字的字体、样式、对齐方式等；在"外观"选项卡中，有文字颜色、描边颜色、阴影等相关设置。

● 形状编辑

不仅可以添加文字，还可以添加矩形、椭圆以及绘制任意形状，配合过渡、转场等取得意想不到的效果。

单击工具栏中的"矩形工具"按钮（也可以在该按钮上按住不动，然后更换为"钢笔工具"或"椭圆工具"），如图 5-48①所示。

使用"矩形工具"在之前输入的文字区域左上角至右下角拖动，形成一个矩形图形，这时会发现把之前的文字覆盖住了，如图 5-48②所示。

找到右侧"基本图形"面板的"编辑"选项，可以看到新建的"形状01"图层在之前创建的文字图层上方，将其拖动并放置到文字图层下方，如图 5-48③所示。

观察"监视器"，文字又恢复到所绘制矩形的上面了，如图 5-48④所示。

图 5-48

调整形状和文字的位置，调整形状的填充颜色、描边颜色、阴影和整体透明度等参数，以满足设计需要。

技巧放送

这里介绍一个可以将背景形状捆绑到文字图层上的功能，当修改文字图层大小时，形状图层会同步进行调整。操作非常简单，在"基本图形"面板的"编辑"选项中，单击选择形状图层，单击下面的"固定到"下拉列表，选择之前制作的文本图层，将其捆绑到一起，将右侧四个限定边■选择，这样当变化文字图层大小和位置时，形状会同步进行变化调整。

● 文字模板

自己设计文字效果是一件比较复杂的事情，因此软件有已经设计好的模板可以直接调用，操作非常简单。在“基本图形”面板的“浏览”选项中，选择希望使用的模板，直接将其拖动到视频轨道上，会生成新的“文字”片段，这时“基本图形”面板会显示“编辑”选项，在其中编辑文本内容和调整相应的属性即可。

实例5-10

①使用Pr 打开“实例5-7”，另存为“实例5-10”，删除“时间线”上的片段，将“HD25_1”“HD25_2”“HD25_3”三个片段拖动到“时间线”上，将“播放指示器”拖动到开始位置。

②单击“文字工具”按钮，添加“乘风破浪会有时，直挂云帆济沧海”字幕。在“基本图形”的“编辑”面板，修改字体、大小，修改填充和描边颜色，并添加阴影。将文字在文本框中居中，然后让文本框在整个图像上水平居中，并拖动到比较靠下的位置。

③接下来制作底衬，使用“矩形工具”，在文字周围拖出矩形，使用之前介绍的方法，在“基本图形”的“编辑”面板将形状图层拖动到文字下方，调整形状的颜色和透明度。 调整该文字片段长度，使之与“HD25_1”片段一致，完成制作。

④完成后，在“基本图形”的“编辑”面板“主样式”中，将刚刚设置好的文本保存为模板，便于后续使用。

⑤将该片段在该轨道上复制两次，调整片段长度分别与“HD25_2”“HD25_3”长度保持一致。修改每个片段中的文字内容分别为“望长城内外，惟余莽莽”和“黄河远上白云间，一片孤城万仞山”，适当调整文字间距。最终效果如图 5-49所示，保存实例。

图 5-49

5.4.2　Final Cut Pro X

FCPX中可以通过直接调用模板的方式添加字幕。在主工作界面的左上角，单击“字幕和发生器”按钮，单击展开“字幕”下拉菜单，选择需要的字幕模板，例如“缓冲器/开场白”里面的“基本字幕”，单击不动并拖动至“时间线”上相应的视频片段上方，形成“连接”在主故事情节片段上方的文字片段。调整片段长度和位置，使之与视频片段匹配，在右侧的“文字检查器”面板中，修改相应的属性，主要包括“基本”“3D文本”“表面”“外框”“光晕”“投影”等，可以很容易地设置各种文字效果，如图 5-50所示。文字片段同样可以进行剪辑，添加转场和效果等。

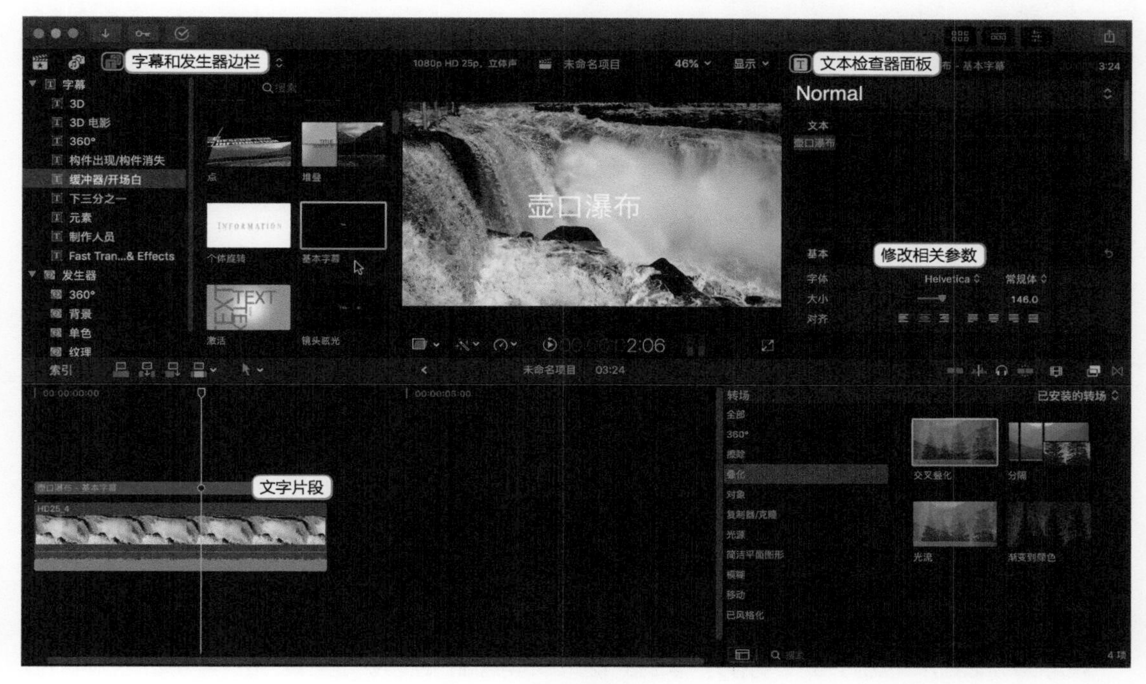

图 5-50

实例5-11

使用FCPX新建事件“实例5-11”，将“HD25-4”拖动到“时间线”上，按照上面介绍的方法添加字幕标题“壶口瀑布”，效果如图 5-50所示。

这里再进阶一步，按照之前介绍的添加转场效果的方法，选择文本片段，按快捷键【Command】+【T】，在片段头尾添加“交叉叠化”转场，这样就非常简单快捷地制作了文本标题的淡入淡出效果，如图 5-51所示。文字片段也会转换为故事情节片段。当然，也可以通过添加关键帧动画的方法制作淡入淡出等效果，这里不再赘述。

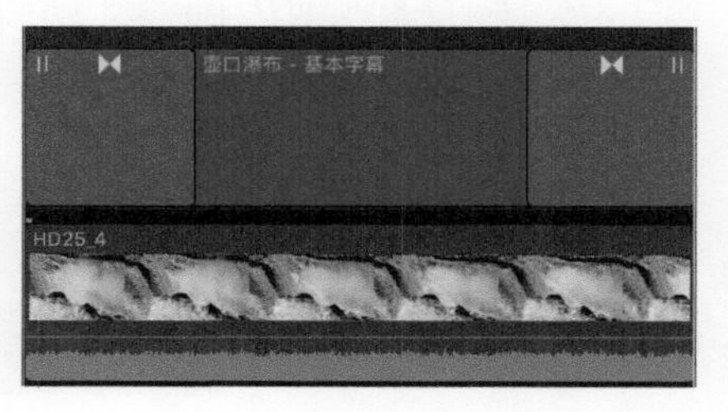

图 5-51

5.4.3 DaVinci Resolve 15

在"编辑"工作区中，单击左上方的"特效库"按钮，在侧边栏中展开"字幕"栏，在出现的菜单中选择一个希望使用的文字模板，拖动到视频轨道最上方，在工作区右上方单击"检查器"按钮，显示检查器面板，在这里修改相关的文字参数，使之符合设计要求，如图 5-52所示。

图 5-52

实例5-12

使用DaVinci打开"实例5-9"，另存为"实例5-12"，不用删除"时间线"上片段。在"特效库"面板中，找到"字幕">"文本"，添加到"时间线"上，调整文字片段长度，修改文字内容为"孤帆远影碧空尽"，并调整文本样式和位置。这里采用添加关键帧、修改不透明度参数的方式制作淡入淡出效果，如图 5-53所示。另外DaVinci还可以采用添加字幕轨道的方式，便于制作统一的影视字幕，在后续的实例中将会介绍。保存并导出实例。

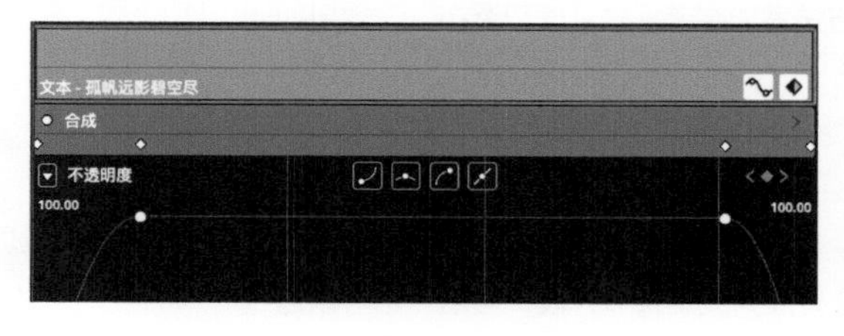

图 5-53

宝剑锋从磨砺出，梅花香自苦寒来。经过之前的学习，相信读者已经掌握了基本技能，但从事剪辑工作需要耐得住寂寞、下得了苦功。

第6章

“剪刀手”跨出门——视频导出

06

本章学习如何将制作的影片进行导出操作。由于视频格式较多，需要根据作品的发布平台、面向对象等进行相应的导出，以保证视频质量，控制占用空间大小等。

视频导出是视频剪辑的最后一环，就像做一盘菜，前面已经下了很大的功夫，食材精心挑选，制作过程精益求精，但如果出锅时摆盘没摆好，可能导致前功尽弃。所以导出操作虽然简单，但是也要高度重视。

视频导出主要看用途是什么。如果最终是用于电视等媒体播放，一定要高清以上格式，特别是如果用于4K电视的，从视频采集、制作到输出都要按照4K标准操作，并不是任何视频直接输出4K就变成4K了。如果用于网络播放，就要采用H.264等编码格式，控制输出视频尺寸，但前提还是要保证视频画面质量，否则之前全部辛苦都浪费了。

导出工作通常有两种模式，一种是通过软件自身导出，另一种是借助相关软件导出。Pr和FCPX均有对应编码软件，DaVinci自身可以直接导出。

6.1 软件自身导出操作

6.1.1 Premiere Pro CC

导出操作主要分为以下几步，如图 6-1所示。

①选择想要导出的序列或媒体片段。

②选择"文件" > "导出" > "媒体"（或其他预设媒体格式）。

③通过设置"入点"和"出点"方式指定要导出的范围（默认全长可跳过）。

④在左上角的"源"面板中可裁剪图像大小（可跳过）。

⑤在"导出设置"栏目中设置好视频文件格式，也就是导出的容器格式（后面会详细介绍）。

⑥设置效果、视频编码格式、音频编码格式、字幕、发布位置等选项。

⑦单击"队列"按钮，软件会自动打开Media Encoder CC软件完成后续操作，单击"导出"按钮，直接输出剪辑视频。

初学者可以在视频文件格式和视频编码格式中使用"匹配源"选项，避免混乱。导出的难点不在具体操作，而是如何理解各种纷杂的视频格式，本书6.3节将进行详细介绍。

图 6-1

6.1.2 Final Cut Pro X

视频文件编辑完成后，导出操作主要按照如下步骤进行，如图 6-2所示。

①选择“时间线”项目或媒体片段，通过设置“入点”和“出点”方式选择范围。

②单击“文件”>“共享”>“母版文件（默认）”（也可以是其他预设格式）或工作区右上角的“共享”按钮，弹出设置窗口，快捷键为【Command】+【E】。

③鼠标在左侧缩略图中滑动可快速浏览输出是否准确，在“信息”面板可以修改输出格式及有关元数据信息，在“设置”面板可以修改“视频编解码器”等编码格式。

④单击“下一步”按钮后，在弹出的窗口中选择存储位置并导出视频。

对比Pr，这里没有选择视频文件格式和音频编码格式，因为Apple通常使用自家的MOV格式，音频编码使用AAC格式。

图 6-2

6.1.3 DaVinci Resolve 15

DaVinci中的导出方式非常直观，就是在2.3.7节提到过的"交付"工作区，如图 6-3所示，操作步骤如下。

①单击进入"交付"工作区。

②在"时间线"上的"渲染"下拉列表选择是"整条时间线"还是"输入/输出范围"，如果是部分段落需要设置"入点"和"出点"。

③在左侧"渲染设置"面板上，选择一个预设模板。

④设置文件名称和保存位置。

⑤选择导出的是"单个片段"还是"多个单独片段"，"多个单独片段"可以给"时间线"上的片段批量转码（如果是"媒体池"中的其他片段转码，选择后，通过"文件" > "媒体文件管理"的方式进行，在3.4.4节已经介绍过）。

⑥接下来是设置视频的文件格式、编码格式，以及音频编码格式、文件属性等，如果使用预设模板，这里保持默认即可。

⑦全部设置完成后，单击“添加到渲染队列”按钮，继续添加或在“渲染队列”面板中单击“开始渲染”按钮。

图 6-3

6.2 配套软件导出操作

6.2.1 Media Encoder CC

Media Encoder CC 是Adobe公司自家的产品，专业视频文件转码输出，优点是支持的编码格式较多，还可以队列模式在后台执行任务，不影响正在进行的视频编辑工作。

软件界面如图6-4所示，主要包括“媒体浏览器”“预设浏览器”“队列和监视文件夹”“编码”几大工作区，具体操作只需三步。

图 6-4

首先将需要转码的媒体文件导入，可以从"媒体浏览器"面板导入、从Pr 等其他软件导入，也可以通过"队列"面板的加号按钮"添加源"直接导入。

然后设置转码格式，可以在"队列"面板中通过每一个作业的下拉菜单指定格式，或是单击鼠标右键，调出"导出设置"窗口进行设置；也可以选择作业后，在"预设浏览器"面板中双击预设格式直接调用，需要说明的是每一个源媒体可以有多个转码格式的作业。

最后，单击右上方绿色开始按钮，开始转码输出操作，在底部的"编码"面板中可以看到具体状态。

"监视文件夹"用来对媒体文件批量自动转码。

实例6-1

使用Pr 打开"实例5-10"，另存为"实例6-1"。单击"时间线"面板，单击"文件" > "导出" > "媒体"，弹出"导出设置"窗口，其中"格式"选择"H.264"，"预设"选择"匹配源-高比特率"，单击"输出名称"后面的蓝色文件名（带下划线），如图 6-5所示。弹出设置窗口，如图 6-6所示，在这里可以修改文件名称和存储位置，将其名称修改为"实例6-1"，单击"存储"按钮。回到"导出设置"面板，单击右下方的"队列"按钮。

图 6-5

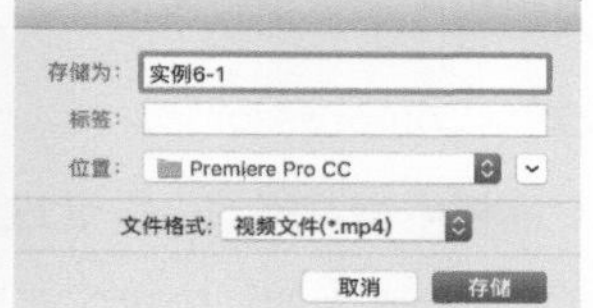

图 6-6

此时会打开Media Encoder CC 软件，在右侧“队列”面板中新增了一条作业。继续单击“添加输出”按钮，如图 6-7所示，会添加一条作业，通过下拉列表选择“QuickTime”和“Apple ProRes 422”，完成后单击右上方“启动队列”绿色三角按钮。

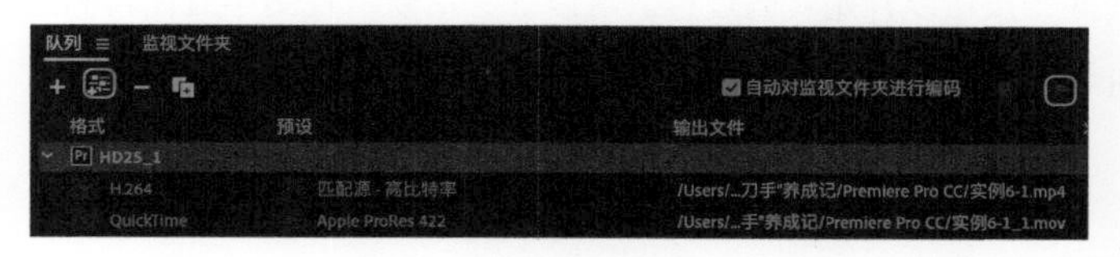

图 6-7

6.2.2 Compressor

与FCPX对应的是苹果公司自家的Compressor软件，操作也非常简单。Compressor把每个媒体文件称为“作业”，把一个或多个转码过程称为“批处理”，如图 6-8所示，具体操作如下。

图 6-8

首先将源媒体导入到软件中。可以单击"添加"按钮，将文件拖动到Compressor中，或是在FCPX中选择"文件" > "发送到Compressor"。

可以在"检视器"面板中浏览播放，并通过设置"入点"和"出点"方式选取范围。然后，在弹出的窗口中选择预设格式，或是在左侧"设置"面板中选择一种格式，拖动到中间的作业上。

在右侧边栏的"通用""视频""音频"面板上修改相应的属性，特别注意编码格式、分辨率、帧速率、数据速率等参数，如果不熟悉使用默认即可。在左侧的"位置"面板中，选取一个输出位置，可以使用系统预设位置，或是自己新建一个位置，拖动到作业上。

单击"开始批处理"按钮以开始转码过程。可以在"活跃"视图中监视转码进度。转码完成后，可以在"已完成"视图中查看有关使用的设置或目的位置的信息。

实例6-2

①打开FCPX，新建事件"实例6-2"，创建时取消"创建新项目"选项，如图 6-9所示。

图 6-9

②打开事件"实例5-11"，按住【Option】键拖动并将其项目复制到实例中，修改其名字为"实例6-2"。单击"文件" > "共享" > "母版文件（默认）"，弹出界面如图 6-10所示，设置好"信息""设置""角色"面板上的相关参数，单击"下一步"按钮，在弹出的窗口中，设置影片的位置和名称，单击"存储"按钮，完成导出操作。

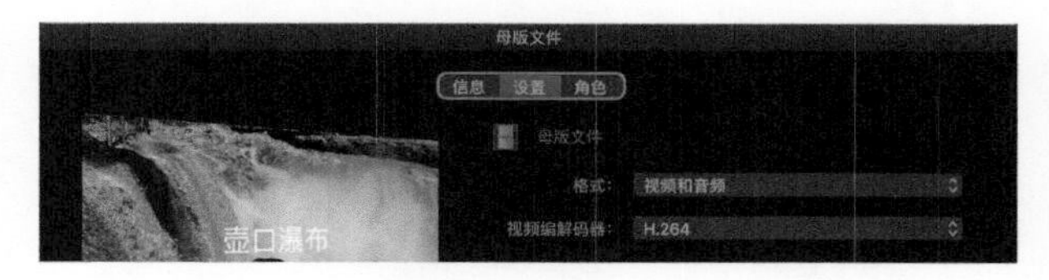

图 6-10

③回到主工作区，单击"文件" > "发送到Compressor"，会打开Compressor软件；在左侧边栏中的"视频共享服务"中，选择"HD 1080p"拖动到中间的"实例6-2"作业上，如图 6-11所示；单击"开始批处理"按钮，同样可以完成导出操作。

图 6-11

6.3 常用格式

经过前面三款软件的操作介绍，下面来重点突破一下视频格式的问题。

首先要区分视频文件格式和视频编码格式。之前也提到，视频文件格式就像一种容器、一个包裹，包含着里面的视频和音频编码文件，通常根据扩展名（.mp4、.mov等）就能看出使用的是什么格式，但是里面的视频编码格式和音频编码格式是看不出的。编码就像是常用的压缩软件编码，把很大的视频文件在保证一定质量的前提下转换为较小体积的文件。所以当播放器播放一个视频文件时，首先要支持这个视频文件的格式，还要支持它的视频和音频编码格式，这样才能顺利播放。这也是为什么会有明明支持视频文件的扩展名格式，却无法播放的情况发生。用一个比喻来说明，视频文件格式就像一个饭盒，里面的视频文件是菜、音频文件是汤，我们能够看见视频文件格式这个饭盒是方的还是圆的，却看不到里面的菜和汤是什么做的。

由于各种格式太多，这里只给读者介绍几种常用的，否则容易混乱。

6.3.1 视频格式

AVI：音频、视频交错格式，是Microsoft公司开发的一种数字音频与视频文件格式，其格式是公开并且免费的，所以使用普及率比较广。但是其最大缺点就是文件过大，虽然后续通过DivX等压缩编码完善后有所减小，但是在网络时代仍显劣势。

MPEG：运动图像专家组格式，使用非常普遍，曾经的DVD等都用这种格式。其优秀之处主要在于使用MP3（MPEG-3）的音频编码和MPEG-4的视频编码（是不是都非常熟悉），在保证一定音画质量的前提下，能大幅压缩体积。

MOV：由Apple公司开发的视频文件格式。最初由于苹果设备还很少，并没有非常普及，但是现在不一样了，无论移动设备、台式电脑、还是摄录设备等，都有很好的支持，特别是对于影视制作，其优良的编码支持和跨平台性都非常便于搭建标准工作流程。

MXF：一种视频文件格式，主要应用于影视行业媒体制作、编辑、发行和存储等环节，入门用户使用较少。

ASF：高级流格式，是微软开发的一种视频文件格式，支持MPEG-4等多种编码方式，而且是一种开放格式。

MP4：一种常用的视频文件格式，对应MPEG-4编码格式。

M4V：由Apple公司开发的标准视频文件格式，主要用于iPad、iPhone 等移动设备，其视频编码采用H.264，音频编码采用AAC。

WMV：微软公司开发的视频编码格式，主要用于网络流媒体，其容器使用的是ASF格式。

H.264：当前最主流的视频编码格式。

HEVC：是一种新的视频压缩标准，即常说的H.265，主要用于4K、8K等超高清视频，当前没有全面普及的主要原因在于硬件支持上要求比较高。

Apple ProRes：一种视频编码格式，通常在视频制作过程中使用，处理速度快、图像质量高、充分利用了多核处理能力，家族类型非常全面。其中Apple ProRes 4444 XQ和Apple ProRes 4444，几乎无损，可包括 Alpha 通道，视频质量高 ，几乎与原始素材无差别；Apple ProRes 422 HQ和Apple ProRes 422，视频质量较高，主要用于视频后期制作；Apple ProRes 422 LT和Apple ProRes 422 Proxy，更高压缩，更小体积，主要用于制作过程中生成代理媒体等。

6.3.2 音频格式

MP3：MPEG标准中的音频部分，是一种有损的音频压缩编码技术，在保证一定音质的同时，极大地压缩了文件体积，使用非常广泛。

WAV：微软公司开发的一种音频格式，支持多种音频位数、采样频率和声道，音质可达到CD水准，在音频制作、编辑时常用。但由于体积较大，在网络传播上并不常用。

APE：是一种无损压缩格式，可以把WAV文件体积压缩至一半左右。

WMA：微软公司开发的一种网络流媒体音频格式，与MP3类似，压缩体积，便于网络传播。

AAC：高级音频编码，标称比MP3音质更好、文件更小，苹果公司产品全线使用的音频格式，随着苹果设备的普及而迅速得到推广。

6.4 Final Cut Pro X 资源整合

6.4.1 资源整合

为什么要把这个操作单独拿出来介绍，因为FCPX并不像Pr等常用软件的存储模式，只要存储一个特定格式工程文件，不管复制或移动到哪里，只要打开就行了。FCPX是文件包的形式，若要移动到其他地方，需要对其工程文件和资源文件进行整合，然后打包移动。

“整合”用于将存储在多个位置的媒体文件整合到资源库中，包括“项目” “事件” “资源库”，当选择不同内容时，菜单会自动进行相应调整。

选择“资源库”，在工作区右侧的“资源库属性”检查器，可查看并修改媒体内容、缓存文件和资源库备份文件的储存位置，如图 6-12所示。

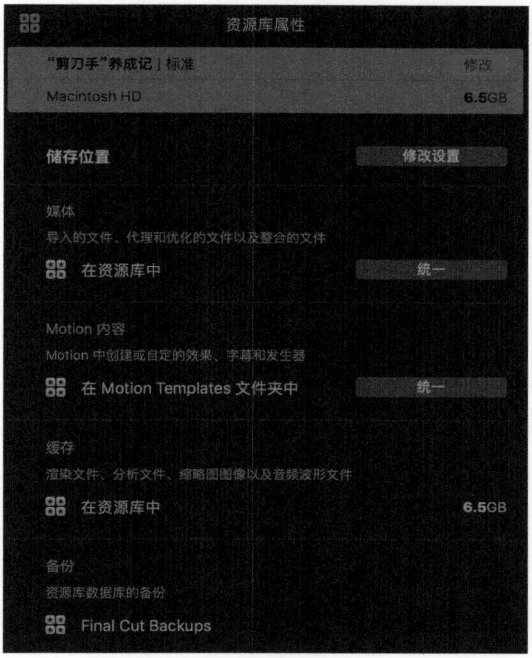

图 6-12

单击“文件” > “整合资源库（事件、项目）媒体”，或在资源库名称上单击鼠标右键，选择“整合资源库媒体”，如图 6-13所示；然后会弹出“整合资源库媒体”窗口，如果存储空间比较大，可以勾选“优化的媒体”和“代理媒体”选项，便于后续编辑使用，完成后单击“好”按钮，如图 6-14所示。

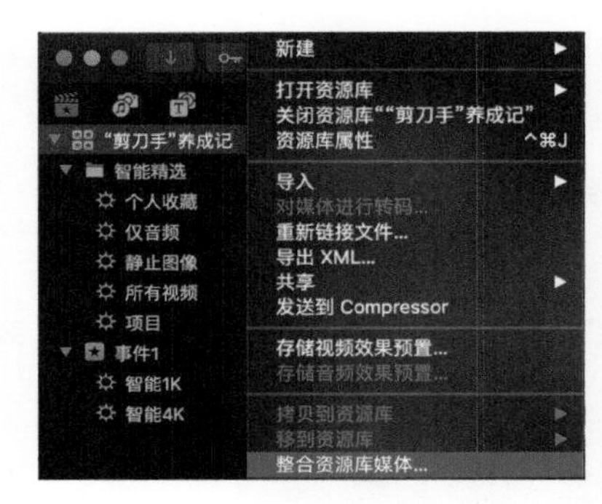

图 6-13

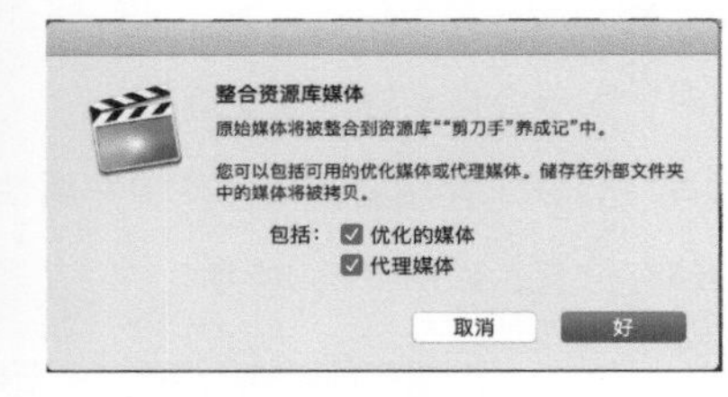

图 6-14

6.4.2 整合规则

"整合"按照以下规则进行：一是将资源库外部的文件整合到外部文件夹时，将移动文件；二是将文件从外部文件夹整合到资源库时，或从一个外部文件夹整合到另一个外部文件夹时，将复制文件。这些规则可防止断开与其他资源库的链接。

这是一株云杉，植物界的活化石。在从事剪辑的道路上，我们也要像一名战士，不管未来遇到什么艰难困苦，都要愈战愈勇。

第7章

“剪刀手”向未来——超高清视频剪辑

07

本章主要介绍超高清视频剪辑流程。不经意之间，超高清视频已然成为大势所趋，信息时代大家一定要超前谋划，快人一步。

超高清时代你真的准备好了吗？可能和大多数读者一样，起初，笔者也认为高清格式足够用了，4K、8K等就是商家的噱头，是忽悠普通消费者的，只是简单提高了分辨率，却对全产业链包括视频拍摄、传输、编辑、显示等提出更高标准，需要更多的钱来升级换代。但随着智能手机和高速移动通信网络的普及，打通了视频在移动互联网广泛传播的最后一公里，规模随之呈现爆发式增长。查看一下自己手机就知道，看看装了多少款视频类软件。与此同时，专业领域也迅速地发生变化，目前我们工作室已经完成了拍摄、采集、存储、剪辑、播放等全流程的4K化改造。相信这就是时代的发展与进步，以手机为例，难道我们还能再退回"大哥大"时代吗？信息时代一路小跑都不一定能赶上发展，停止不前更是意味着淘汰，"适者生存"在这里同样是适用的。

其实，编辑制作4K等超高清视频并没有想象的那么难，存储空间确实需要多准备一些，视频处理时间上稍微长了一点，但是在编辑制作上跟高清视频基本一致，而且随着技术发展，这些都不是问题。前面介绍了很多视频剪辑方法，这里重点介绍一下处理超高清媒体素材的方法与流程。简单概括，就是通过创建代理媒体的方法，将高分辨率媒体文件转换成更容易编辑的低分辨率媒体文件，确保在视频剪辑软件上流畅运行；编辑完成后，再使用高分辨率原始媒体文件进行输出，确保满足画质要求。下面介绍一下每款软件的具体操作方法。

7.1 Premiere Pro CC

Premiere Pro CC 中的代理工作流程是通过在媒体格式和代理格式之间切换，从而使用普通电脑完成超高清视频媒体的编辑制作工作。比如只需在"收录"操作中，设置好代理文件格式，即可在代理媒体文件和原始分辨率文件之间随意转换。

7.1.1 创建代理

创建代理的方法主要有两种，一种是在"媒体浏览器"中，在媒体导入时就直接创建代理，即"收录"的方法；另一种是在"项目"中，在完成导入后对媒体片段创建代理。操作方法分别介绍如下。

● “媒体浏览器”面板中创建代理

在“组件”工作区中，单击“媒体浏览器”面板，然后单击“打开收录设置”按钮（扳手图标），如图 7-1所示，进入“项目设置”窗口。

图 7-1

在该窗口的“收录设置”选项卡，勾选“收录”选项，如图 7-2所示，并在下拉列表中选择“创建代理”。在“预设”下拉列表中选择视频编码格式，入门用户比较常用的有两个，一个是“1280×720 Apple ProRes 422（Proxy）”，关于这一格式，上一章中已经介绍过，使用Mac电脑时通常选择该选项；另一个是“1280×720 H.264”，压缩体积较小。当前主流的电脑对高清视频剪辑已经没有太大压力了，如果设置代理分辨率过低，不便于在实际剪辑过程中观察使用。

在“代理目标”选项中设置好代理视频的保存路径并单击“确定”按钮。

最后在“媒体浏览器”面板中勾选“收录”选项，在选择的媒体资料上单击鼠标右键，选择“导入”命令，软件会在导入的同时启动Media Encoder CC程序，自动生成一个代理视频并关联到导入的媒体片段上。

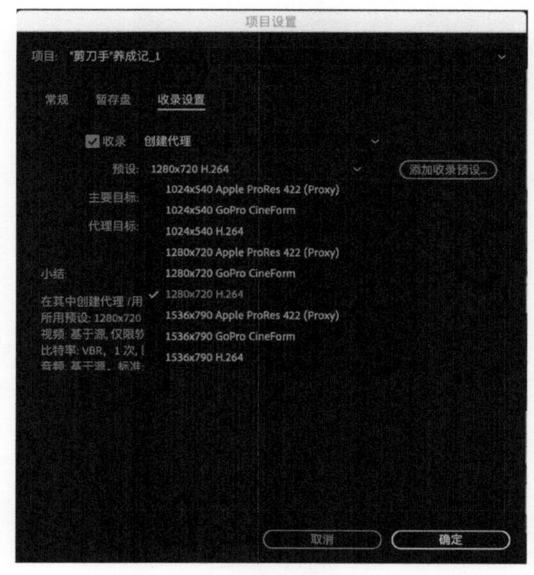

图 7-2

这里再说明一下为什么选择这个分辨率。因为在本书提供的学习素材中，4K素材的分辨率是3840×2160，HD素材的分辨率是1920×1080，所以选择1280×720这个分辨率，三者的长宽比都是一样的，这样在剪辑时代理文件不会影响效果。如果原始素材是其他分辨率，这里最好选择与之长宽比相同的代理预设。大家别看我讲得这么简单，实际上也是经历过各种情况反复试错后的经验总结，希望能够提高读者的工作效率，这正是本书的主要目的。

● "项目"面板中创建代理

在"项目"面板中选中需要创建代理的媒体片段，在导入的媒体文件上单击鼠标右键，选择"代理"，并选择"创建代理"，如图 7-3所示。

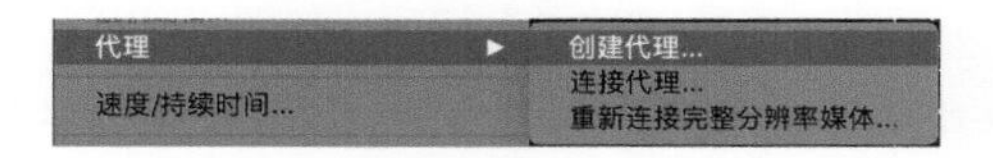

图 7-3

在弹出的"创建代理"对话框中，"预设"选项组的"格式"下拉列表可选择"H.264"或"QuickTime"，"预设"下拉列表可选择"1280×720 H.264"或"1280×720 Apple ProRes 422（Proxy）"。"目标"选项组中还可选择目标文件夹，全部设置完成后，单击"确定"按钮，如图 7-4所示。软件会将代理发送到Media Encoder CC队列，然后自动将代理连接到之前所选择的视频片段上。

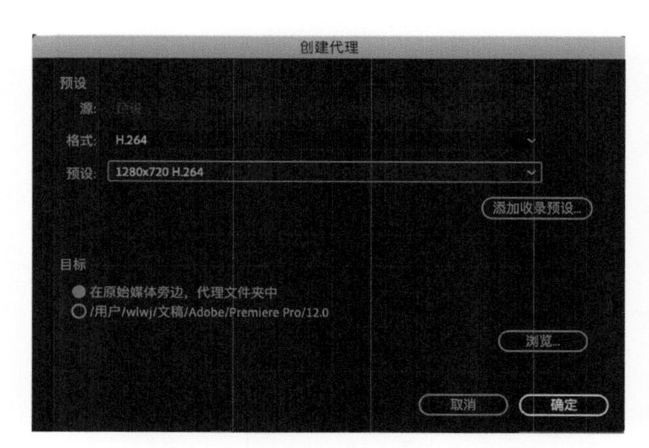

图 7-4

在"项目"面板单击鼠标右键弹出的"代理"菜单中，还有"连接代理"和"重新连接完整分辨率媒体"两个命令，可以在完成创建代理后，将媒体片段连接到源片段或代理片段上。

7.1.2 启用代理

代理媒体并不是创建完成之后就没事了，要使用代理媒体进行视频剪辑，还要在“监视器”面板中启用代理。有两种方式：一种是菜单模式，单击“首选项”>“媒体”>“启用代理”；另一种方式更加灵活常用，是在“源监视器”或“节目监视器”中，单击“按钮编辑器”（加号图标）按钮，添加“切换代理”按钮，如图 7-5所示，这样就可以非常方便地单击切换。如果选中此按钮，会在“监视器”中显示代理剪辑，如果取消选中此按钮，则显示完整分辨率剪辑——这两种状态别弄反了。

图 7-5

可能有读者会说：“我已经设置代理了，也在‘监视器’面板上启用了代理，但没有看到什么变化啊”。这是因为“监视器”面板在电脑屏幕上占的面积太小，可以将画面放大至400%，如图 7-5所示，可以非常直观地看到源媒体和代理媒体的差别。

7.1.3 完整导出

虽然在剪辑时使用的是代理视频，但是在完成之后，要使用原始的完整分辨率视频进行导出编码，以保证最终影片的输出质量。在Pr中导出媒体时始终使用的是完整分辨率，与监视器上是否使用代理视频无关。但有一种情况例外，就是完整分辨率媒体处于脱机状态，而代理媒体处于在线状态，这种情况下，会显示一条警告，说明导出功能在使用代理。

实例7-1

使用Pr 打开“实例6-1”，另存为“实例7-1”，删除“时间线”所有片段。在“组件”工作区中，由于“4K50_1”之前收录时做过代理，这里需要先将其连接到完整分辨率视频，方法如之前所述，单击鼠标右键，选择“代理”>“重新连接完整分辨率媒体”命令,在弹出窗口中，单击“附加”按钮，找到源视频，单击“确定”按钮。

从"项目"面板选择"HD25_1""HD50_1""HD100_1""4K25_1""4K50_1"五个片段，单击鼠标右键，选择"代理">"创建代理",首先使用"1280×720 H.264"设置，将代理文件输出到"代理1"文件夹中。

将五个片段恢复连接到完整分辨率视频，再次设置代理，选择"1280×720 Apple ProRes 422（Proxy）"设置，并将代理文件输出到"代理2"文件夹中。

原始视频、代理1视频、代理2视频的大小比较如表 7-1所示。

表 7-1

片段名称	原始视频大小	代理 1（ H.264）视频大小	代理 2（ProRes）视频大小
HD25_1	25.1 MB	12.6 MB	23.9 MB
HD50_1	22.2 MB	11.3 MB	43.2 MB
HD100_1	23.1 MB	11.8MB	86.4 MB
4K25_1	18.6 MB	6.1 MB	12.4 MB
4K50_1	42.2 MB	13.8 MB	53 MB

原始视频和H.264代理大小进行比较，因为两者编码相同，可以看到设置代理后，高清格式体积缩小一半以上，4K格式体积缩小三分之一。ProRes代理是供读者参考的，不要和原始视频大小进行比较，因为原始视频本身就是压缩过的，编码也不同，没有可比性。可以和H.264代理对比一下，体积还是比H.264大了点，但是实际效果和剪辑时处理速度还是不错的。代理文件只是一种中间过渡，并不是最终输出，在结束剪辑后可以全部删除，不用太纠结占用空间的大小。

7.2 Final Cut Pro X

7.2.1 创建代理

● 导入时创建代理

首先进入"媒体导入"界面工作区，在右侧面板的 "转码"栏目中，有"创建优化的媒体"和"创建代理媒体"两个选项，如图 7-6所示。

"创建优化的媒体"：此选项可以将视频转码为 Apple ProRes 422 编码格式，这种格式可以在编辑过程中提供更好的性能、在渲染时加快速度，以及提供更高的颜色质量。如果原始摄像机格式能以较好的性能进行编辑，则此选项会变暗。

图 7-6

“创建代理媒体”：此选项可以创建视频和静止图像代理文件。视频将转码为 Apple ProRes 422 Proxy 编码格式，之前已经介绍过，可以提供优质文件用于代理编辑。软件创建中等质量（一半分辨率）的代理版本，不仅能够提高编辑性能，而且占用的储存空间比优化文件明显要少。静止图像将转码为 JPEG 文件或 PNG 文件（带有透明通道）。

所有 MP3 音频文件在导入时会转码为 MOV 音频文件。对文件进行转码时，FCPX会始终保留原始媒体供将来使用。

所有这些优化和代理工作都是在后台完成的，比较智能化。剪辑软件请及时更新到最新版本，这样会支持更多的媒体格式，比如Final Cut Pro 从10.4版本开始支持HEVC（高效视频编码H.265）和HEIF（高效率图像文件格式）。所以通过软件进化，我们也可以看到视频发展的大趋势。在技术领域，大趋势就要及时抓住，才能快人一步。

- **导入后创建代理**

导入媒体后，同样可以完成转码工作。有两种方法：第一种方法是在“媒体浏览器”中的视频片段上单击鼠标右键，选择“对媒体进行转码”，在弹出的窗口中选择“创建优化媒体”或“代理媒体”；第二种方法是在主工作区右侧的“信息检查器”面板中，单击“生成代理”按钮来为片段创建代理。如

图7-7所示。红色三角形代表未创建，完成后会变成绿色圆点。

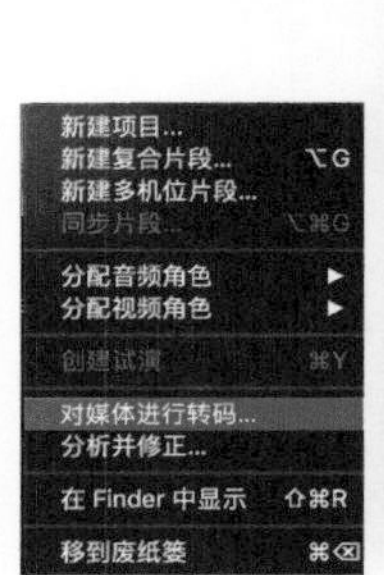

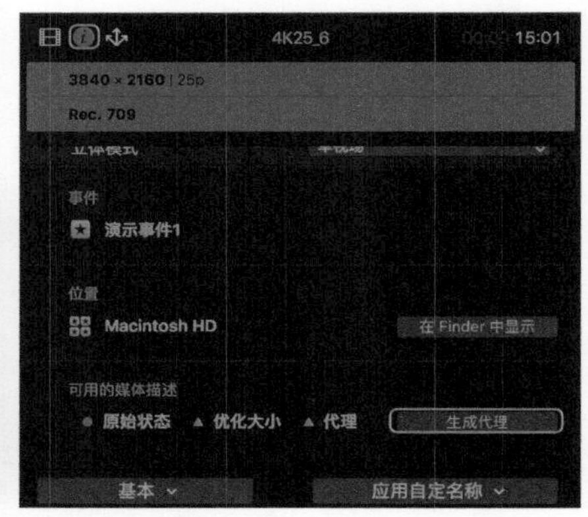

图 7-7

7.2.2　显示代理

生成代理后，当然要在视频检视器中显示出来，才能起到流畅编辑的目的。单击“检视器”右上角的“显示”下拉列表，在“媒体”部分有两个选项，如图7-8所示，分别介绍如下。

“优化大小/原始状态”：选取此选项可将优化媒体（采用 Apple ProRes 422 格式）用于播放。如果优化的媒体不可用，FCPX会自动使用原始媒体进行播放。

“代理”：选择此选项可将代理媒体（采用 Apple ProRes 422 Proxy 格式）用于播放。选择此选项将提升播放性能，但会降低视频质量。

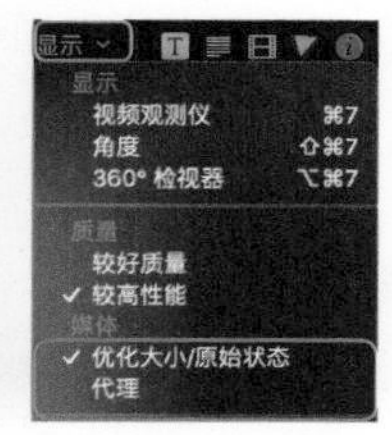

图 7-8

7.2.3 完整导出

这里要特别注意，与Pr 不同，FCPX在“检视器”显示状态上显示的是“优化大小/原始状态”还是“代理”状态，导出时使用的媒体素材就是对应的状态。在剪辑完成后，切记将“检视器”显示状态选择为“优化大小/原始状态”，这样才能使用高品质原视频素材输出高品质视频。当然读者也不用过于担心，作为一款成熟的商业软件，这点预防措施还是有的，当显示为代理状态进行“共享”操作时，软件会弹出提示对话框，如图 7-9所示，提醒用户进行确认。

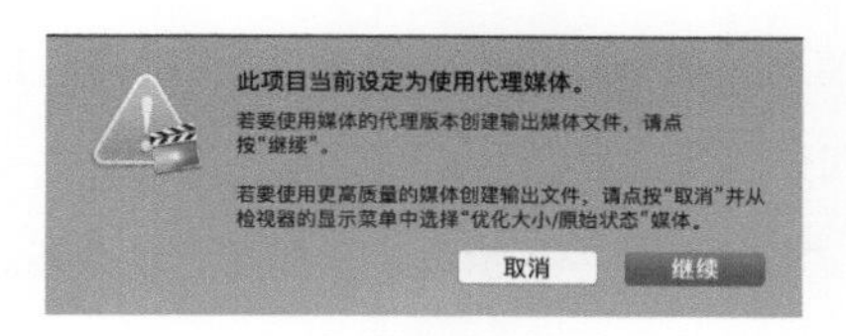

图 7-9

实例7-2

①打开FCPX，仍然使用“‘剪刀手’养成记FCPX”资源库，新建事件，命名为“实例7-2”。单击“文件”>“导入”>“媒体”，弹出“媒体导入”工作区，在“学习素材”文件夹中，选择“4K25_1”和“4K50_1”素材，在右侧面板中勾选“创建优化媒体”和“创建代理媒体”两个转码选项。继续导入“4K25_2”和“4K50_2”素材，这次不勾选两个转码选项。

②导入后，分别选择“4K50_1”和“4K50_2”，对比查看“显示信息检查器”面板，“可用媒体描述”栏，如图 7-10所示。“4K50_2”导入时未进行优化，所以用红色三角表示状态，单击旁边的“生成代理”按钮，进行优化，完成后变成绿色圆点状态。同样地，对“4K25_2”进行“生成代理”操作。

③将项目名称修改为“实例7-2”，将导入的四个片段拖动到项目“时间线”中，将“播放指示器”拖动至“4K50_1”片段处，在“检视器”右上角的“显示”下拉列表中选择 “代理”选项，如图 7-11所示。

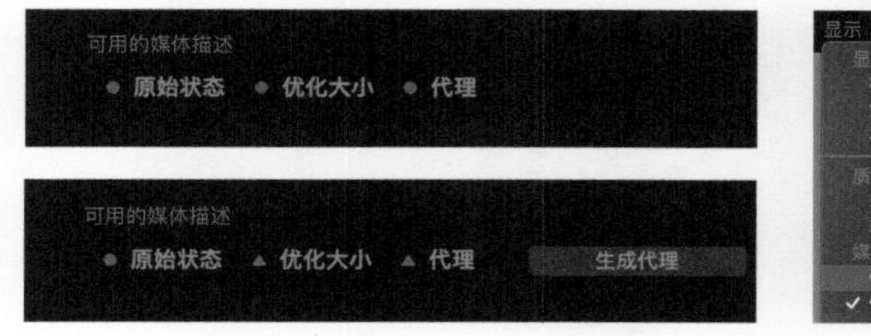

图 7-10

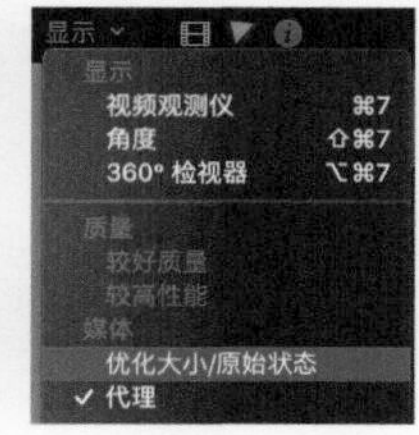

图 7-11

④单击“文件”>“共享”>“母版文件”，此时会弹出警告窗口，提示是否选用转码优化文件进行输出。其实这种代理模式导出有时也是需要的，比如给客户看样片，以及后续会介绍的套底操作的参考视频等。

7.3 DaVinci Resolve 15

DaVinci的优化、代理这部分对初学者来说，略有些复杂。由于软件本身主要是面向专业摄像机的媒体格式，而且其自身模块是不断增加的，所以名称较多，操作位置不够集中。

7.3.1 代理模式

"回放"菜单的"代理模式"中，共有"关闭""Half Resolution（二分之一分辨率）""Quarter Resdution（四分之一分辨率）"三个选项，如图 7-12所示。在浏览"时间线"视频时只要勾选相关选项，即可改变"检视器"中显示效果，提高显示性能。

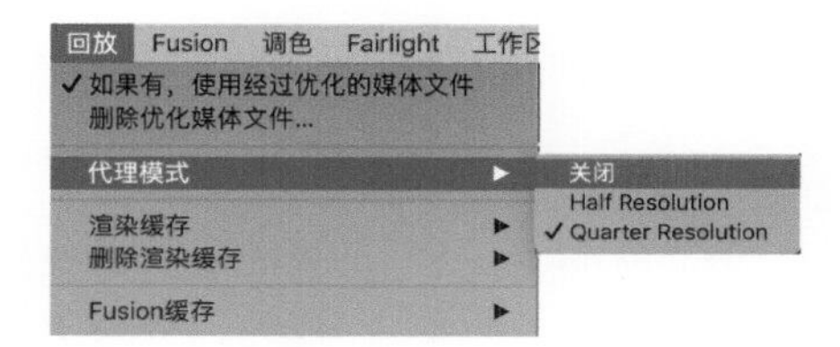

图 7-12

图 7-13所示是放大到300%的显示效果，左图是"代理模式"的"关闭"状态，右图是"四分之一分辨率"状态。

图 7-13

7.3.2 优化模式

"优化媒体"模式的操作方法与之前介绍的软件类似，不过首先要设置一下优化媒体的编码等参数。单击菜单中的"文件" > "项目设置"，在弹出的"项目设置"窗口中，单击"主设置"选项卡，在右侧边栏找到“优化的媒体和渲染缓存”选项组，设置“优化媒体”的分辨率和格式，以及“缓存文件位置”等。这里可保持默认或参考图 7-14所示参数进行设置（Windows系统使用DNxHR系列格式）。

图 7-14

然后在媒体池中，使用鼠标右键单击视频片段，在弹出菜单中选择“生成优化媒体文件”选项，如图7-15所示，软件会自动生成优化的媒体文件。查看时，只需在“回放”菜单中勾选“如果有，使用经过优化的媒体文件”选项，即可在“检视器”中查看效果，如图 7-16所示。

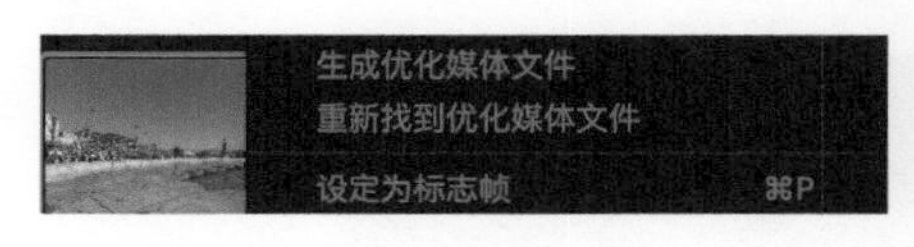

图 7-15

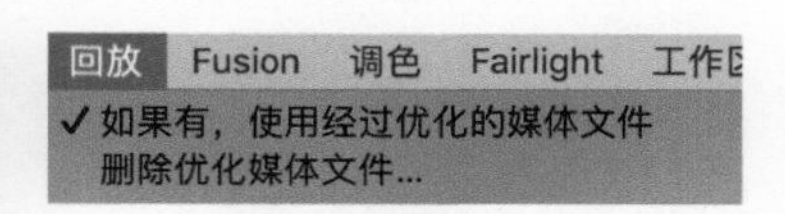

图 7-16

7.4 使用 DaVinci 套底操作

老版本的DaVinci主要用来调色，其他功能有所缺失或不够完善，需要配合其他剪辑软件。15.0版本的DaVinci软件功能已经非常丰富了,有些甚至超越了一般剪辑软件，完全能胜任各项剪辑任务，所以这一节笔者还是比较纠结的，不知要不要介绍套底操作。考虑到套底操作正好是几款软件交叉使用，符合本书横向比较学习的初衷，另外通过套底操作同样可以解决超高清视频的优化转码，而且能学习到一些新的知识点，毕竟“技多不压身”，所以这里还是拿出来与读者分享。

首先介绍一下“套底”，简单说是将媒体用视频剪辑软件进行剪辑处理后，导入DaVinci进行调色处理。套底是从传统胶片时代的影视制作专业术语中传承下来的，而将调色完成后的视频返回剪辑软件的过程叫作"回批"。在专业剪辑制作过程中，套底和回批仍然很有必要，比如专业摄像机拍摄的RAW、DNG、R3D等格式的转码，剪辑与调色部门的分工协作等。本节如果一时还看不懂的读者也不用着急，可以先跳过，等需要时或是有时间时，再来研究。

实例7-3

本实例换一种方式，小节介绍过程即实例制作过程，逐步按介绍完成操作即可完成实例。

7.4.1 转码

首先在DaVinci软件中完成原始素材转码工作，便于在其他剪辑软件中使用。

在DaVinci中创建新项目，单击"文件" > "新建项目"或在"项目管理器"中新建，命名为"实例7-3"。

单击"文件" > "项目设置"，在弹出的窗口中单击"主设置"选项卡，设置好"时间线分辨率""时间线帧率""回放帧率""视频格式"等，如图 7-17所示（这里属于复习内容）。

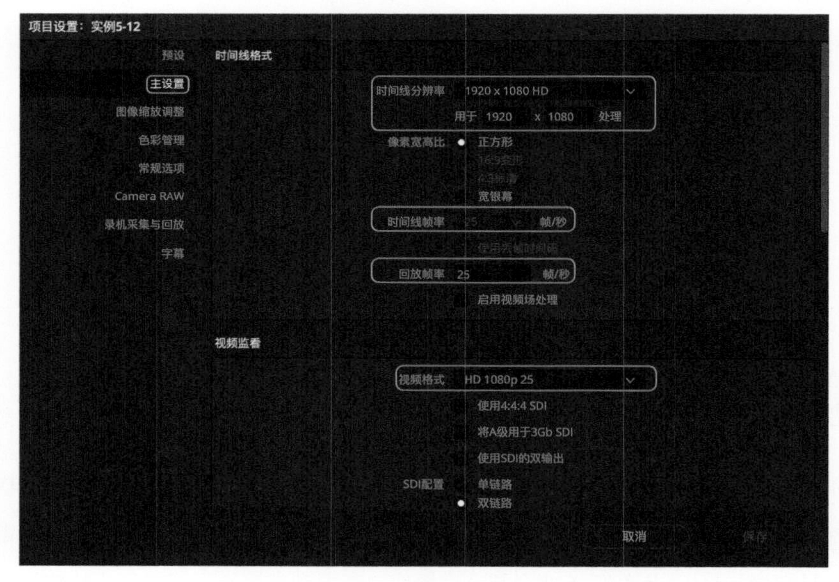

图 7-17

继续在"项目设置"窗口中，找到"常规选项"，在"套底选项"中，把"内嵌在源片段中""协助使用的卷名来自""内嵌在源片段文件"勾选，其他默认，如图 7-18所示，完成后单击"保存"按钮。

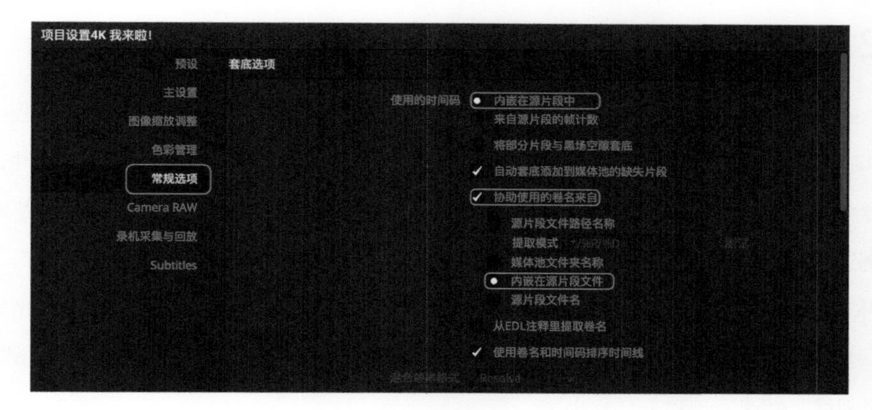

图 7-18

在“媒体”工作区中将“学习素材”中的“4K50_1”至“4K50_4”导入。

在“剪辑”工作区新建“时间线”（在“媒体池”面板单击鼠标右键后选择“时间线”>“新建时间线”），并将导入的四个视频片段拖动到“时间线”上。

单击进入“交付”工作区，如图 7-19所示，设置好导出视频文件的位置，在格式选项中注意选择“多个单独片段”(老版本称之为“单个源剪辑”)，使用“QuickTime”格式，编解码器选择“H.264”，质量选择“自动”。单击“文件”选项卡，确认“文件名使用”为“源名称”，时间线上部的“渲染”下拉框选择“整条时间线”，然后单击“添加到渲染队列”按钮。注意，使用原文件名很关键，不要忘记选择。

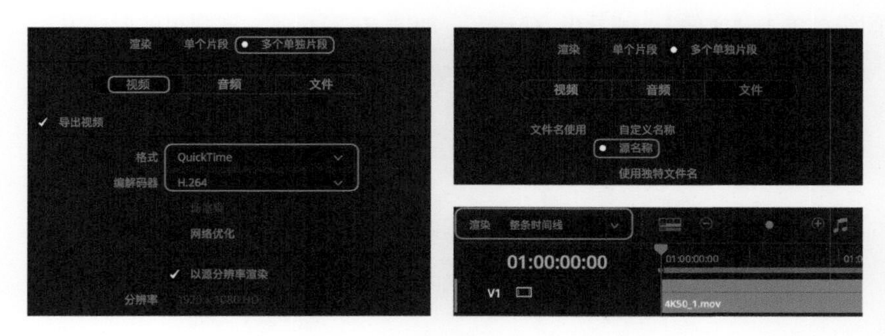

图 7-19

这里再次强调，一定不要纠结文件的大小，为什么有时转码后反而会更大，因为本书使用的学习素材本身就是压缩过的，这里只是学习操作过程。

7.4.2 粗剪

使用Pr 或FCPX导入刚才输出的视频文件，完成视频的初步剪辑工作。注意在剪辑过程中，尽量少用转场和效果等，因为有时会影响套底操作。编辑完成后将"时间线"导出为XML格式文件，并将剪辑好的视频文件导出，作为DaVinci套底时的参考文件，该视频不需要很高的质量，能看清楚即可。下面以FCPX为例进行说明。

在FCPX中新建事件"实例7-3"，导入刚才转码完成的视频文件，新建项目"实例7-3"，注意，这里需要选择"使用自动设置"模式，如图 7-20所示，重点是将速率设置为"25p"（保持与DaVinci"时间线"帧速率一致）。

图 7-20

将导入媒体片段全部拖入到"时间线"中，并全部修剪成5秒长的片段。

选择时间线，单击"文件" > "导出 XML"，如图 7-21所示。在弹出的窗口中，设置文件名称"实例7-3"和导出位置"FCPX导出"，单击"存储"按钮。

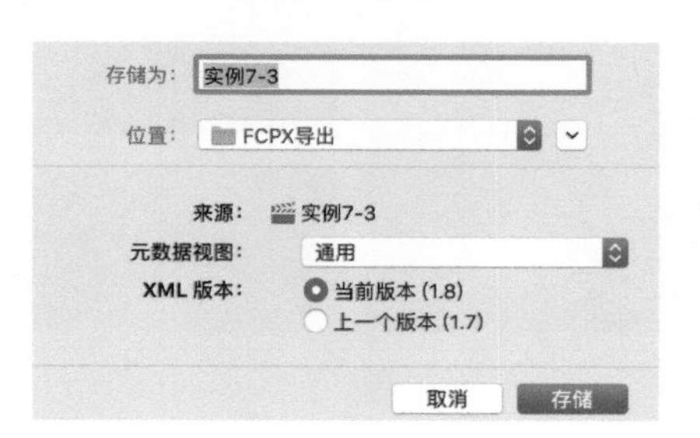

图 7-21

选择时间线，单击"文件" > "共享" > "母版文件（默认）"，设置好相关参数后输出（这里只需要输出视频文件即可，无须音频），名称为"实例7-3"。

把XML文件和导出的视频参考文件，全部放在"FCPX导出"文件夹中。

7.4.3 套底

打开DaVinci软件，在“媒体”工作区上部的“媒体存储”面板，找到刚刚导出的“实例7-3”参考视频。注意这里不是直接导入，而是在该媒体素材上单击鼠标右键，选择“作为离线参考片段添加”，如图 7-22所示。

选择“文件”>“导入时间线”>“导入AAF、EDL、XML”，导入刚才输出的XML格式文件，在弹出的窗口中，取消“自动设定项目设置”和“自动将源剪辑导入到媒体池”两个选项，因为要使用DaVinci中的原生素材文件以确保输出视频质量，如图 7-23所示。

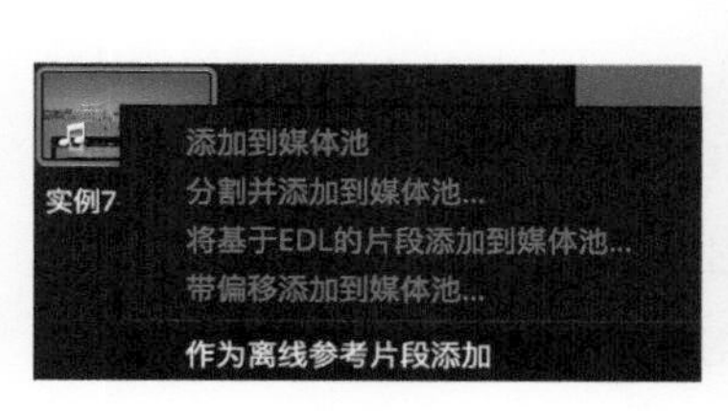

图 7-22

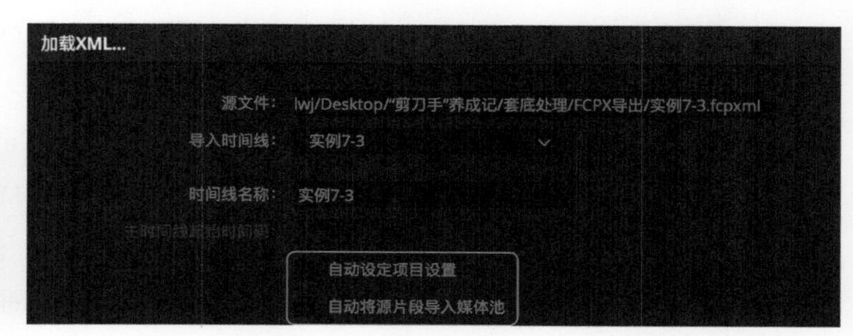

图 7-23

进入“剪辑”工作区，在“媒体池”中用鼠标右键单击刚刚导入的“时间线”片段，选择“时间线”>“链接离线参考片段”并选择刚刚导入的离线参考视频文件“实例7-3.mov”，如图 7-24所示。

图 7-24

在“检视器”左下角，切换成“离线”模式，如图 7-25所示，这样就可以与刚刚导入的XML时间线进行对应检查，避免导入时出错。通过在“时间线”上单击方向键【↑】/【↓】在各视频片段之间进行快速匹配查看。

图 7-25

进入“调色”工作区，调整每一个片段的色彩（因为这里主要介绍的是套底工作流程，故调色不展开介绍）。

进入“交付”工作区中，在“渲染设置”栏目中选择“Final Cut Pro X”按钮（没有看到的选择“Final Cut Pro 7”旁边的小箭头），同理也可选择“Premiere XML”按钮，设置导出位置，将完成好调色工作的“时间线”和视频导出为XML格式文件和高品质视频。注意这里视频编码可以使用默认的“Apple ProRes 422 HQ”，专业制作时也可使用无损压缩编码，同时勾选“以源分辨率渲染”选项，因为导出视频仍要在其他剪辑软件中进行剪辑和导出工作。参数设置如图 7-26所示。

图 7-26

7.4.4 回批

在视频剪辑软件中，导入“时间线”XML文件和刚刚输出的调色之后的视频片段，如图 7-27所示，完成最终的视频剪辑工作，输出并交付影片。

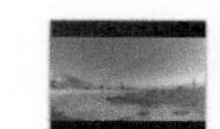
V1-0001_4K50_1

V1-0002_4K50_2

V1-0003_4K50_3

V1-0004_4K50_4

图 7-27

补充说明一下，前面介绍的套底回批的操作方法，读者一定要灵活运用。如果使用的是消费级摄录设备拍摄的素材，完全可以跳过转码过程，直接导入Pr或FCPX中进行剪辑；如果使用的是专业设备拍摄的素材，也可以直接在DaVinci中完成粗剪工作，减少媒体编码和软件转化时间。总之要根据实际使用情况需要，完成作品才是硬道理。

7.5 4K 视频剪辑技巧

由于4K视频画面分辨率远大于高清格式，这就给使用4K素材编辑高清格式视频提供了很大的发挥空间，可以实现很多需要实际拍摄技巧才能完成的效果。导入的素材使用4K分辨率，制作的时间线视频使用高清格式，下面介绍具体操作。

7.5.1 推焦效果

若要实现推焦效果，又没钱购置昂贵的变焦镜头等设备，可以采用4K格式拍摄，然后通过对视频片段制作放大动画，模拟摄像机推焦效果，特别是延时拍摄的视频效果非常好。

实例7-4

这里使用Pr软件，采用 小节介绍结合实例制作的方法，介绍过程即实例完成过程。

打开Pr软件，新建项目，命名为实例7-4。进入“编辑”工作区，单击“文件”>“新建”>“序列”，从预设中找一个高清格式，比如选择“AVCHD”>“1080p”>“AVCHD 1080p25”，如图7-28所示。

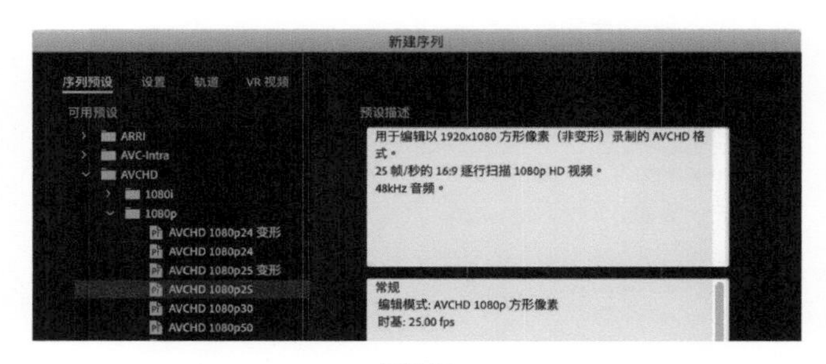

图 7-28

导入学习素材中的4K素材，然后选择“4K25_3”视频片段并拖动到“时间线”上。这时会弹出“剪辑不匹配警告”窗口，如图 7-29所示。之前介绍过，如果利用视频片段创建“序列”，就要选择“更改序列设置“按钮，但是本例不希望修改“序列”设置，所以这里选择“保持现有设置”。

这时在“节目监视器”中只能看到该视频片段的中间局部画面，实际大小已经超出监视器画面范围，如图 7-30所示。

图 7-29

图 7-30

单击进入“效果”工作区。在左上方的“效果控件”面板，展开“运动”效果，单击“缩放”前面的秒表图标按钮，增加关键帧，将数值调整为50（或大于50的数值，不要出现黑框）。将播放条拖动到比较靠后的位置，单击增加关键帧小圆点，再将缩放数值调整为100（或者小于100的数值，大于100后会失真），如图 7-31所示。播放“时间线”剪辑，可以看到画面模拟了镜头推进的效果，而且由4K视频制作后，保留了画质清晰度。当然这里进行了简化，还可以配合制作移动动画等，更好地模拟焦点位置。

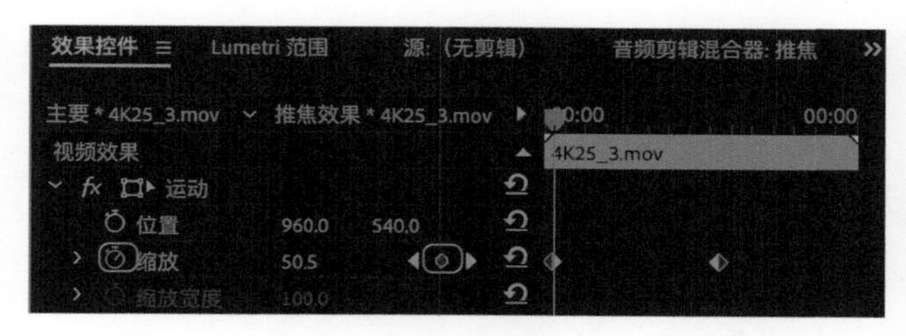

图 7-31

7.5.2　摇移效果

通过对4K画面添加移动动画处理，模拟实现镜头摇移效果，同时还能保证画面质量。

实例7-5

这里使用FCPX完成，主要是帮助读者尽快熟悉不同的软件。同样地，介绍过程即实例完成过程，读者可以根据介绍逐步操作。

使用FCPX软件，新建事件“实例7-5”，同时新建项目，“使用自定设置”，设置分辨率为1920×1080，速率“25p”，如图 7-32所示。将学习素材中包含“4K”文件名的媒体素材全部导入（或者从其他事件中复制过来）。将“4K25_2”视频片段拖入“时间线”上。

在右侧“视频检查器”面板的“变换”栏目中，将“缩放”参数调整为200%，如图 7-33所示。

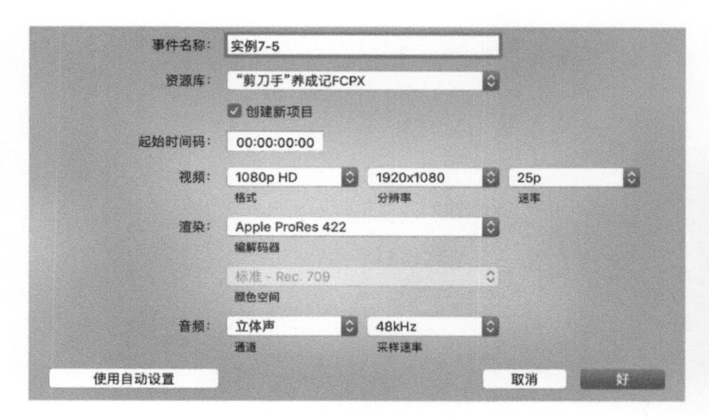

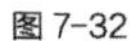
图 7-32

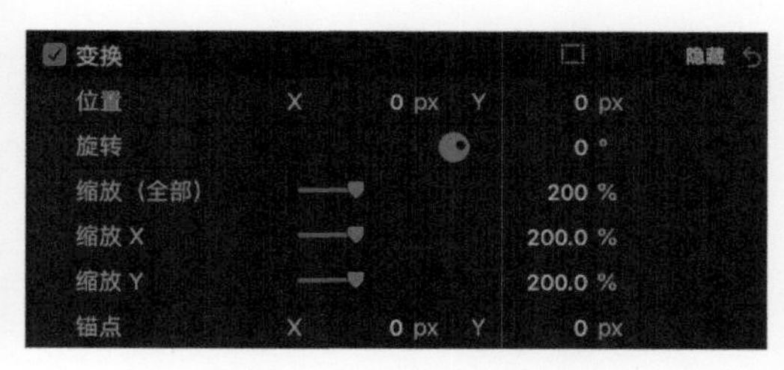

图 7-33

回到“检视器”面板，将显示比例调整为25%，将“播放指示器”调整至片段前端，单击“检视器”左下角的“变换”按钮；这时画面会出现调整框，在左上角的“关键帧”按钮单击，按住画面并向右拖动；注意看上面的数值，X方向保持不要漏出黑边即可，Y方向保持数值为0；松开后，如图 7-34所示。

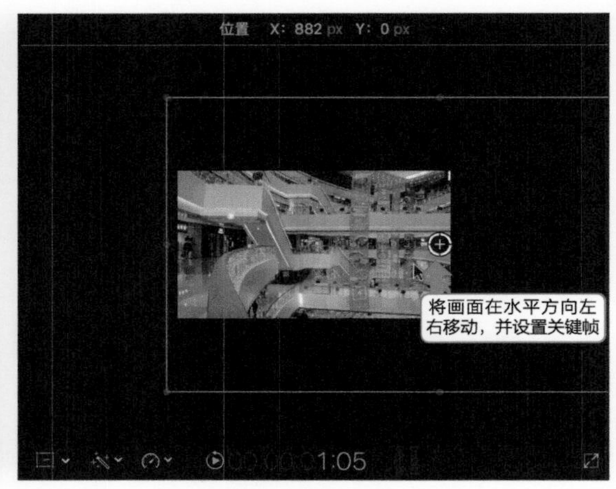

图 7-34

将"时间线"上的"播放指示器"调整至视频片段的后部，同样方法，将画面向左调整至边缘，注意Y值保持不变。这里的关键帧是自动记录的，调整结束后直接单击右上方的"完成"按钮即可。

这时可以播放查看效果，画面从商场的左侧楼梯摇移到右侧楼梯。如果结合上一小节的变焦效果，会更有意思。

这是在洛阳植物园拍摄的一张照片，笔者当时是被它那条笔直的大道震撼了，感慨于中原腹地之平坦和广阔。希望每一位读者都能够在前进的道路上越走越顺，闯出自己的一片天地。

第8章

“剪刀手”初长成——项目实例

08

本章针对三种不同类型的影片，分别使用三款不同的软件完成制作，让读者有一个完整直观的认识。

在前面的章节中，我们对视频剪辑软件的导入、剪辑、特效、导出等各个环节进行了纵向学习，同时对主流的三款视频剪辑软件进行了横向对比学习，掌握其方法理念。本章将通过三个综合作品实例进行复习梳理，同时也给读者自己创作作品提供一些思路。"剪刀手"可以说是千人千面，只有完成一部被大家广泛认可的好作品才是硬道理。

三个实例代表三种不同的风格，第一个跆拳道馆宣传片采用新闻、广告、微电影类风格，全程配音加字幕，中间穿插人物采访等要素，此类影片关键是脚本，要严格按脚本完成制作。第二个街舞宣传片采用MTV、风光类风格，此类影片关键是镜头要配合音乐节奏。第三个游乐园宣传片采用家庭记录、旅游出行类风格，需要平时记录大量素材，整理时进行归类挑选，核心是挑选优质镜头，留下美好回忆。

为便于读者更好地学习掌握，本章内容专门制作了教学视频，可以配合书中内容进行学习。

8.1 跆拳道道馆宣传片

新闻、广告和微电影等作品首先要有一个好的脚本，而且对于其内容文字要求较高，后续拍摄、制作都要围绕脚本展开，不能天马行空，剪辑制作上也有严格要求。其实一部好的作品，都要先有一个脚本，哪怕这个脚本没有写出来，也要时刻装在心里。脚本不一定要有固定格式，但要让导演、演员、摄像、剪辑等人员都能看明白，便于执行。虽然这类制作感觉要求很高，但其实只要按照流程操作，反而是最容易的一种。

8.1.1 制作流程

完成这类作品通常采用以下流程。

- **脚本**

首先要把脚本敲定，反复推敲，一旦确定下来就不要再犹豫，不能变来变去。

- **镜头**

围绕脚本构想镜头并实施拍摄。拍摄过程中注意回看，只要拍摄效果满足使用要求即可，不一定要很大的拍摄量。

- **配音**

一定要请专业人员完成配音，因为专业配音效果会很大地提升影片档次，有些甚至无须添加背景音乐，也能达到出色效果。

- **制作**

将拍摄的视频素材和录制的音频素材等整理到一起，导入剪辑软件中，按照脚本，完成剪辑制作。

- **导出**

可先导出样片，在不同的播放设备上观看，进一步修改完善后，完成最终的导出工作。

8.1.2 项目脚本

脚本与剧本是不同的，简单理解脚本就相当于看漫画，而剧本相当于看小说。脚本形式是多种多样的，可以是表格，也可以是文字，内容可以详细，也可以简洁，但是最基本的一些要素是一定要有的，要让所有制作人员无论前期、后期都能一目了然，达成统一。

本项目的脚本如表 8-1所示，比较简洁明了，简单分析如下。

每个场景并不是只能对应一个镜头，而是可以由多个镜头组成，比如多个设备同时拍摄的一组不同景别的镜头，都可以组接到一起。

内容栏既说明了表现内容，同时也是后期的配音文本（当然也可以两者分开）。

镜头栏虽然没有制作分镜图，但是基本的内容和景别要素已经有了，通常还会有个时长要素，就是每个镜头出现的时间。

备注栏进行一些特殊说明，对脚本进行补充。

表 8-1

场 景	内容（配音加字幕）	镜 头	备 注
场景 1	“道 — 跆拳道 — XX 跆拳道”	视频片头特效	使用 AE 或 Motion 制作片头
场景 2	XX 跆拳道由有多年教学经验的 XXX 教练执教	教练指导训练全景	添加转场效果
场景 3	200 平方米宽敞道馆	跆拳道馆集体训练全景	

（续表）

场 景	内容（配音加字幕）	镜 头	备 注
场景 4	跆拳道协会指定晋级考点	学生晋级考试全景	
场景 5	是锻炼强健体魄	学生考级踢碎踢板全景—中景	
场景 6	塑造勇敢性格的理想地点	女学生踢腿训练全景—中景	
场景 7	XXX 教练，现黑带三段	教练个人技术展示中景—近景	添加转场效果
场景 8	中国跆拳道协会一级晋级官	教练组织晋级考试全景—中景	
场景 9	在各大赛事上多次获奖	教练个人各种奖杯、奖状特写（图片制作推拉镜头）	
场景 10	XX 跆拳道主要招收少儿、青少年学员，开展品势、对战、体能等多个科目训练	教练采访中景—近景	添加转场效果，使用教练采访同期声
场景 11	致力于培养智礼双修	教练辅导学员训练中景—近景	使用教练采访同期声
场景 12	文武全才的跆拳道高手	教练组织进行实战训练全景—中景	使用教练采访同期声
场景 13	特有的积分体系	发放礼物全景—中景	添加转场
场景 14	寓教于乐的教学方式	训练中做游戏全景	
场景 15	让孩子真正爱上跆拳道	集体合照、学生的笑脸	
场景 16	XX 跆拳道地址：XXXXXX 联系电话：XXXXXXXX	跆拳道馆外部，从道馆名称牌匾特写拉出道馆建筑全景	添加转场，字幕依次逐行出现；微信二维码放置在画面右下角，结束后放大至中间

8.1.3 新建项目

这里使用Pr 完成剪辑制作工作。打开Pr，在欢迎界面中单击"新建项目"按钮，如果已经进入程序，则在菜单中单击"文件" > "新建" > "项目"，在弹出的"新建项目"菜单中设置名称为"跆拳道"，单击"浏览"按钮设置存储位置，如图8-1所示。

图 8-1

8.1.4 导入媒体

进入“组件”工作区，单击左上角的“媒体浏览器”面板，通过目录树找到拍摄视频所在的文件夹，包括视频、配好的音频等，全部选中后，在任意一个媒体上单击鼠标右键，单击“导入”命令，如图8-2所示，完成导入，单击“项目：跆拳道”即可看到。

项目面板底部有几个按钮如图8-3所示，前面章节没有介绍，这里再补充介绍如下。

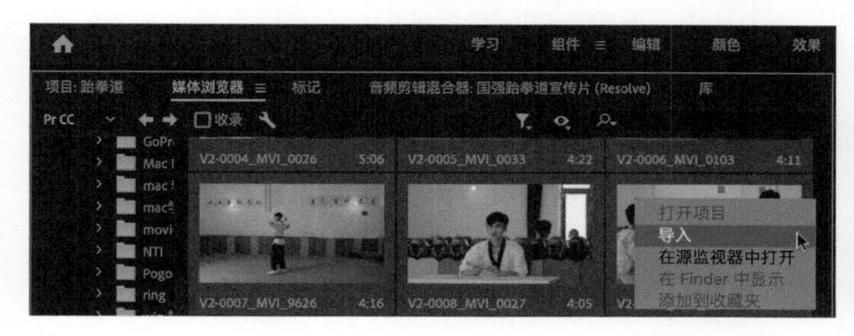

图 8-2

图 8-3

第一个绿色的锁图标是切换只读模式。

第二个按钮是切换成列表视图模式，如图8-4所示。这种模式也比较常用，向右拖动底部的滑块，可以查看更多的媒体信息。

第三个按钮是切换成缩略图模式，右边滑块可以调整图标大小。

第四个带下向箭头的按钮用来选择媒体片段按照什么标准进行排序，如图8-5所示。

图 8-4

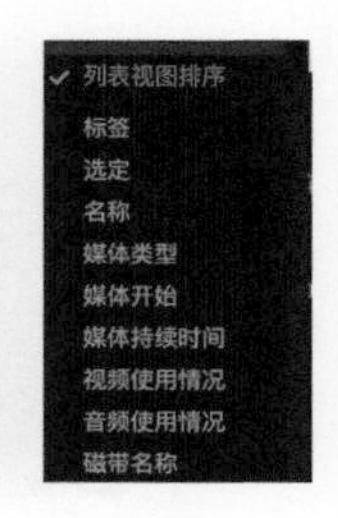

图 8-5

第五个是“自动匹配序列”图标，可以将多个媒体片段自动添加到“序列”时间线上。

第六个是查找按钮，用来设置条件，搜索需要的媒体片段。

第七个是新建素材夹，用于整理媒体片段。

第八个是新建项目，比如可以新建“序列”等，如图8-6所示，新建完成后直接添加到项目面板中。

第九个是删除不需要的媒体片段，当然只是删除了导入的媒体关系，不会删除原始的媒体文件。

说到这里可能有读者会问，为什么没有"新建搜索素材箱"按钮。其实在"项目"面板的上部，有一个搜索条，旁边有个带放大镜的文件夹图标，单击即可"新建搜索素材箱"。如果在搜索栏中填入了搜索条件，单击该按钮还可按照填入的搜索条件直接创建，如图8-7所示。

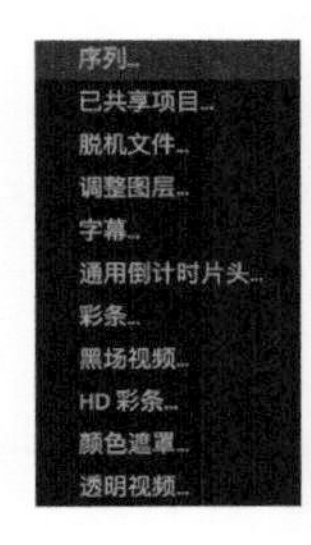

图 8-6

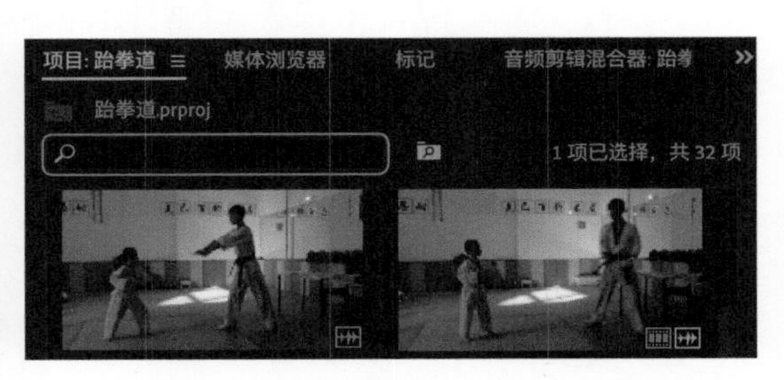

图 8-7

8.1.5 整理媒体

接下来对导入的视频片段进行整理，本例只导入了制作中需要的媒体素材，实际工作过程中，素材量要大得多，这就需要很好地分类归纳。俗话说"磨刀不误砍柴工"，千万不能忽视这个步骤，否则在后期制作时很容易出现混乱。这里创建四个搜索文件夹，分别是影片、音频、图片和序列。在"项目"面板单击鼠标右键，单击"新建搜索素材箱"命令（或单击 "项目"面板上方的"新建搜索素材箱"按钮），在弹出的对话框中，将第一个搜索条件设置为"媒体类型"，在查找条件文本框中输入"影片"，并单击"确定"按钮，如图8-8所示。这时会在项目中新增一个"搜索素材箱"，并且自动将满足条件的媒体片段纳入其中。同样的方法，可以继续创建音频、静止图像和序列的"搜索素材箱"。

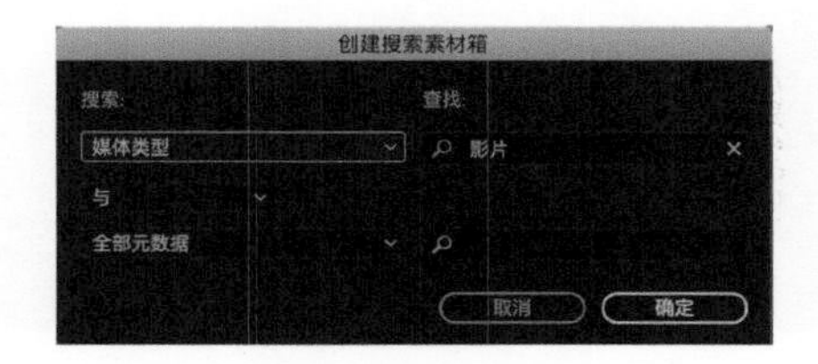

图 8-8

技巧放送

媒体类型需要使用软件中设置的名称，如果将"影片"写成"视频"则无法查找。不确定的可以先找到一个媒体片段，打开"元数据"面板，查看"媒体类型"即可。

技巧放送

这里对比说明一下“素材箱”和“搜索素材箱”的区别。

“素材箱”相当于“项目”面板的子面板，拖动到其中的媒体片段就不在“项目”面板中重复出现了，对媒体片段的删除等操作同样可以在“素材箱”中完成。

“搜索素材箱”可以理解成对媒体片段导入后的再映射，是自动的，搜索范围包括“项目”面板及“素材箱”中的片段，整理后的片段虽然感觉上与“项目”面板是重复的，但其实这里只是一种再映射，可以浏览、查看等，但是不能直接删除，只能回到“项目”或“素材箱”面板中完成。

8.1.6 新建序列

单击进入“编辑”工作区，单击“文件”>“新建”>“序列”，命名为“跆拳道宣传片”，设置时使用之前提到的“AVCHD”>“1080p”>“AVCHD 1080 p 25”。

8.1.7 排列故事板

根据脚本，挑选视频并排列到时间线上。注意不要把整段视频直接拖入，而是选择需要的片段即可，比如一个动作、一个表情等。双击导入的视频，在“源监视器”中查看，在开始位置按【I】键设置“入点”，在结束位置按【O】键设置“出点”。设置完毕后，拖动至“时间线”面板上。如果格式不一致，会弹出警告对话框，如图8-9所示，如果能够确认导入的视频片段格式是最后希望导出的格式，单击“更改序列设置”按钮即可。

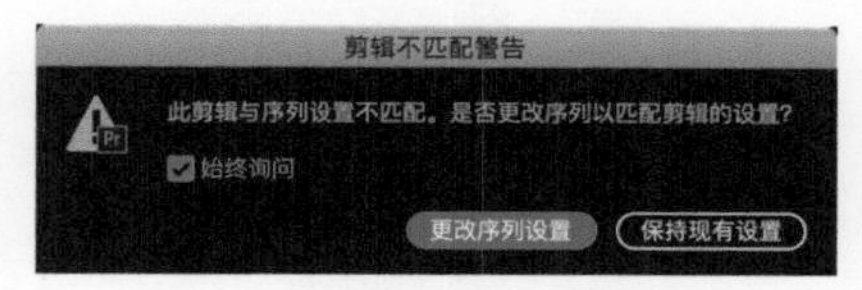

图 8-9

接下来按照脚本内容，找到素材中相应的镜头，添加到“时间线”中。镜头画面如表 8-2所示。

表 8-2

场 景	画 面	场 景	画 面
场景 1		场景 2	

（续表）

场 景	画 面	场 景	画 面
场景 3		场景 4	
场景 5		场景 6	
场景 7		场景 8	
场景 9		场景 10	
场景 11		场景 12	

（续表）

场 景	画 面	场 景	画 面
场景 13		场景 14	
场景 15		场景 16	

实际上刚才添加故事板的过程，也是粗剪的过程。可能有读者会问：“放置每个片段的时长怎么控制，多少合适？”我只能说，按照脚本配音，自己用正常语速试读一下，保证镜头够长就可以了。

8.1.8　添加音频

将录制好的配音片段拖动到“时间线”A2轨道上（也可以是其他音频轨道）。配音片段在录制过程中可能会有修改的部分，比如有错漏等，通常录音老师会将该句或段落重新录制。所以导入录音片段后，双击并在“源监视器”中以波纹形式显示，如图8-10所示；调整下方和右方的滚动条两端，将波纹视图放大，通过设置“入点”和“出点”，将最终配音片段拖动到“时间线”上使用。

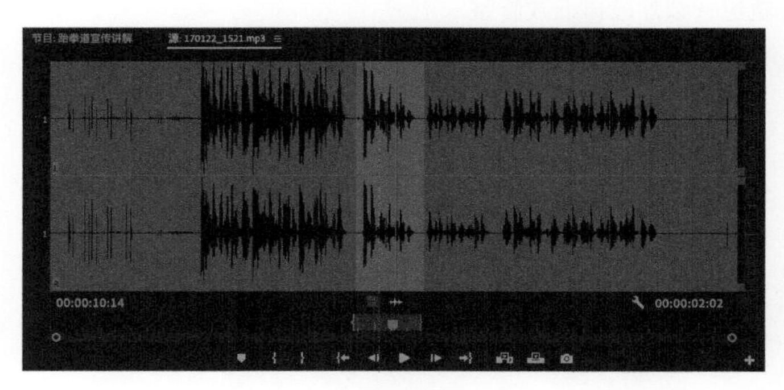

图 8-10

将选取的背景音乐添加到A3轨道上，注意挑选一段比较符合场景氛围的背景音乐，而且绝对不能喧宾夺主，主要是为了配合节奏、烘托氛围。音频素材需要平时注意多收集，按照音乐氛围进行整理归类，不断积累。

8.1.9 精细剪辑

将视频和音频进行匹配精剪，使用"波纹编辑工具（B）""滚动编辑工具（N）""外滑工具（Y）""内滑工具（U）"等各种剪辑工具，使画面镜头和音频匹配起来，这里先调谁后调谁并没有统一的标准，实际操作时可以按照自己的习惯进行，大体依据以下顺序。

调整伴音片段。添加视频片段时，录制的伴音会一并被拖动到音频轨道上（比如A1轨道），可以将其删除。首先关闭"时间线"面板上方的"链接"按钮（或在音频片段上单击鼠标右键，单击"取消链接"命令），然后选择伴音片段，将其删除（注意有部分伴音片段是训练时的呐喊声、口号声等，可以适当保留，作为效果使用）。

调整配音片段。放大"时间线"上的配音片段，将"播放指示器"拖动到几乎没有振幅的地方，使用"剃刀工具（C）"进行切割，使句与句之间略有停顿即可，调整片段音量，使各段保持一致。

调整视频片段。将镜头与配音相匹配，如果视频片段过长，可以只保留关键镜头，切掉多余视频片段，也可以调整配音片段之间的间隙，形成语句之间的停顿；如果视频片段过短，可以再补充增加相关镜头。

调整背景音乐。导入的背景音乐可能会很长，也可能会很短，通常保留前后部分，中间段落使用一些技巧将其分割并组接。比如最常用的是将其中的循环段落切割出来，长了就切除，短了就用循环段落补足；也可以在副歌部分切除，然后将前后段音频制作淡出和淡入后，搭接起来；还有最简单的就是切割后在前后两段音频间添加转场过渡效果；总之需要根据实际情况进行。

将视频片段和各轨道音频片段再细致修整一下。

精剪详细过程请观看教学视频。排列完成后如图8-11所示，V1轨道是视频片段，A1轨道是视频自带声音，作为音效，A2轨道是解说配音，A3轨道是背景音乐。

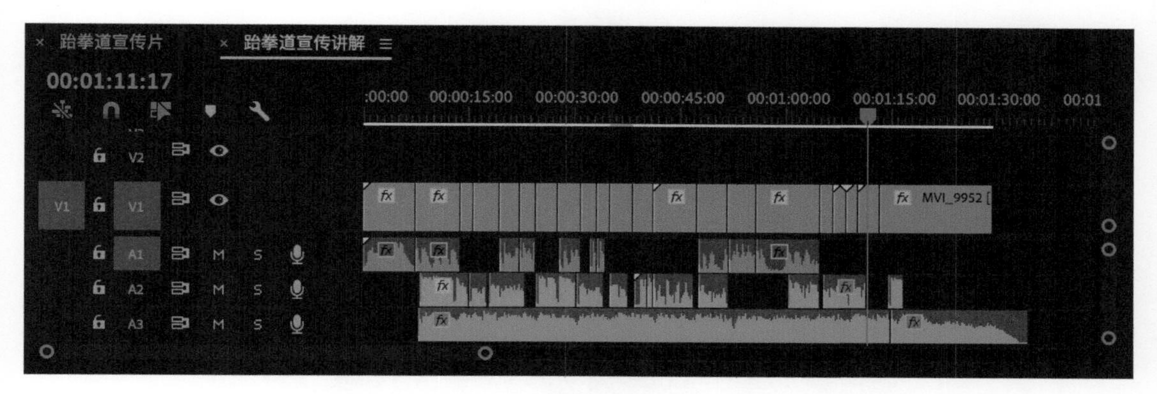

图 8-11

技巧放送

使用刀片工具切割操作时，通常使用快捷键完成。操作时将“播放指示器”调整到需要切割的位置，选择想要切割的视频或音频片段，按快捷键【Ctrl】（Mac【Command】）+【K】，完成切割操作，或者按快捷键【Shift】+【Ctrl】（Mac【Command】）+【K】同时切割视频和音频片段。

技巧放送

按方向键【↑】/【↓】可以在V1和A1轨道上片段的连接处快速切换，按快捷键【Ctrl】(Mac【Command】)+【↑】/【↓】可以在A1音频轨道上片段的连接处快速切换，按快捷键【Shift】+【↑】/【↓】可以在所有轨道的视频和音频片段的连接处快速切换。

8.1.10 效果设计

接下来就要考虑一些画面镜头设计问题。比如在教练采访部分，如果这段采访期间一直保持教练个人的镜头，就会非常单调，这里可以采取之前介绍的类似“L”型剪辑的方式，把教练采访的伴音保留，而画面根据语音内容更换为相关镜头。可以将这些镜头放到更上一层的轨道上编辑（如V2轨道），然后替换V1轨道视频或保持不动亦可。

对其中添加的静止图像画面，必须要制作一些简单动画效果，因为这是视频，要让它动起来。方法也很简单，在5.2.1节中已经介绍过方法，首先选择图像片段，在“效果控件”面板展开自带的“视频效果”>“运动”选项，在片段前后添加“位置”和“缩放”的关键帧，调整关键帧参数，比如将前端关键帧参数调整为“74.0”，后端关键帧参数调整为“33.0”，这样会自动生成一个图片由大至小的动画效果，参数设置及画面如图8-12所示。

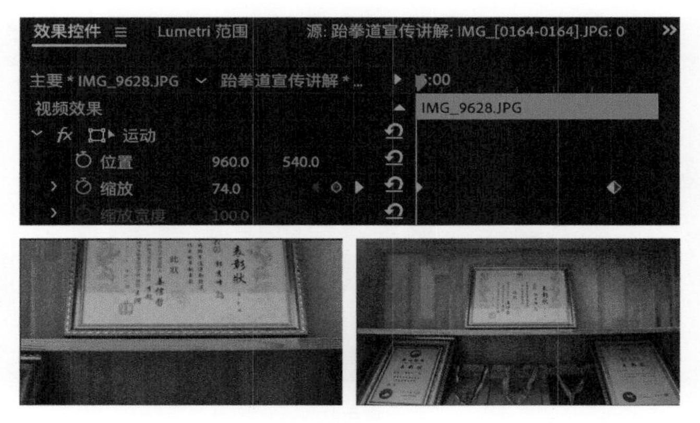

图 8-12

单击播放时，如果发现并没有看到缩放效果，请注意"时间线"该片段上方的红色线条，表明当前片段效果没有进行渲染，所以看不出来。简单处理方式是按【Enter】键（Mac【Return】键），即可自动进行渲染播放，上边的横条会变成绿色，之后就可以看到缩放效果了，如图8-13所示。

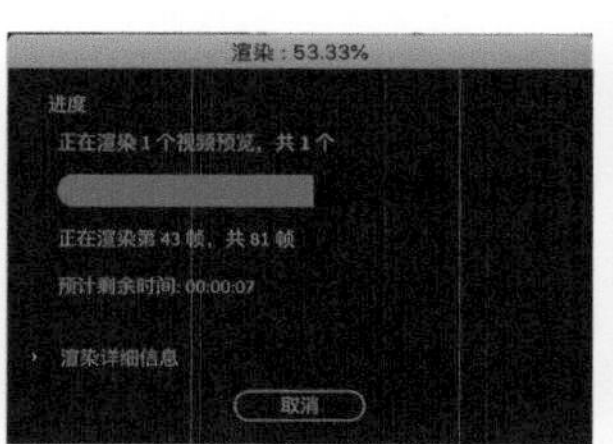

图 8-13

技巧放送

渲染时，不必每次都从头至尾全部进行，通常是在红色线条两端分别设置"入点"和"出点"，这时按【Enter】键（Mac【Return】键），完成红线片段的渲染操作即可。

在影片的结尾处，添加一个二维码图片用来宣传，制作成画中画效果。首先将二维码图片导入并拖放至V2轨道上；该图片需要进行一下裁剪，在右侧的"效果"面板中选择"视频效果" > "变换" > "裁剪"，将其拖动至二维码图片，在"效果控件"面板上，展开"裁剪"，即可看到相关参数设置；按住参数并向左右拖动进行修改，同时注意观察"监视器"中画面是否满足需要，上下左右四个方向全部调整完毕后结束。接下来与制作图片关键帧动画方式相同，制作一个缩放和位移的关键帧动画，如图8-14所示。

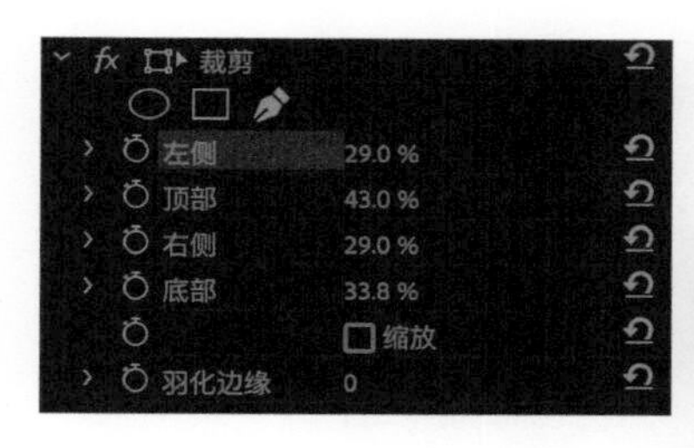

图 8-14

技巧放送

添加完裁剪效果后，可以直接在“节目监视器”面板上进行可视化的裁剪操作。只需在“效果控件”面板，单击“裁剪”栏目，监视器上画面周边会出现控制手柄，直接拖动即可。本技巧同样适用于“运动”效果，可以在监视器上直接拖动调整画面位置和缩放等。

8.1.11 转场过渡

还是那句老话，并不是所有的视频片段之间都需要添加转场效果，能够用镜头的自然切换是最好的。具体哪里需要转场、哪里不需要转场，或是需要什么样的转场，这些都要靠本人的艺术感觉了。一般在大的章节转换的时候可以添加一些。

在“效果”工作区，或是直接打开“效果”面板，找到“视频过渡”>“溶解”>“交叉溶解”，如图8-15所示，并拖动到两个相邻视频片段之间，也可以选择整个片段或片段一端，使用快捷键【Shift】+【D】完成操作。

如果需要对该转场进行精确调整，可以在“时间线”上单击选择刚刚添加的转场效果，打开“效果控件”面板（在折叠按钮中，或是菜单“窗口”>“效果控件”），完成调整操作，如图8-16所示，具体操作方法之前已经介绍过，这里不再赘述。转场过渡添加后视频部分转场效果如图8-17所示。

音频片段同样可以添加音频转场。本例中，背景音乐结尾部分进行了切割，虽然尽可能保持一致，但还是略微有一点跳跃；这里添加一个音频过渡，同样的方法，找到“音频过渡”>“交叉淡化”>“恒定功率”，如图8-15所示，拖动到两段相邻的音频片段之间，或使用快捷键【Shift】+【D】完成。

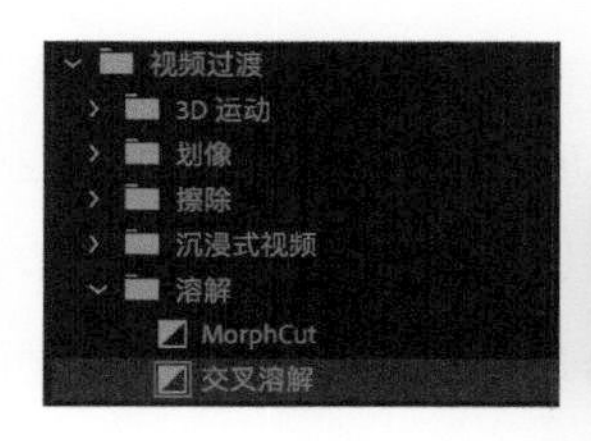

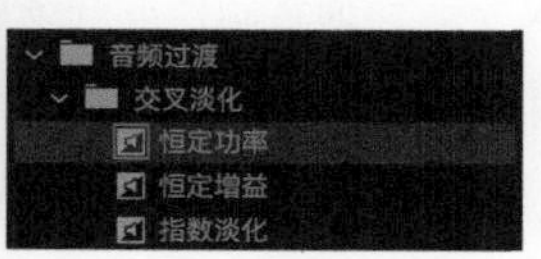

图 8-15

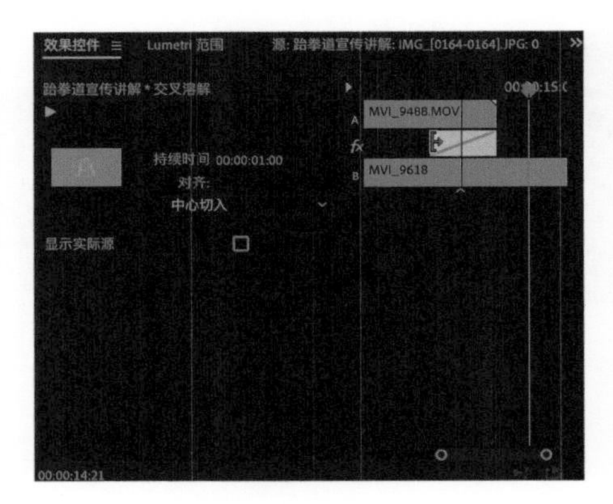

图 8-16

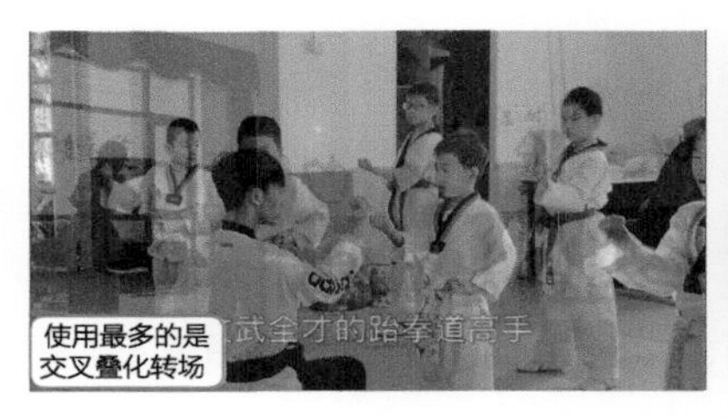

图 8-17

8.1.12　色彩调整

调色步骤可以放在剪辑之后，添加效果和转场之前，但是对入门用户来说并不推荐。想要调色的读者一定要先学习一些基本的色彩理论，校正好显示器色彩，最好使用外接监视器作为影片监视使用。对入门而言，如果导入的是不同设备拍摄的视频，因色彩风格不一致而引起画面跳跃的，可以适当调整以保持一致。本例素材全部使用同一设备拍摄完成，设备没变，所以这里调色步骤可以跳过。

8.1.13　添加文本

文本通常最后添加，主要包括标题文字、效果文字和字幕文字等，各种装饰图形等也包含在这部分内容中。标题文字比如开场片名、章节转换标题等，配合背景图形，通常要求大气、庄重、直观。近年来标题文字不再是简单的文字，而通常制作成开场动画，以吸引观众眼球。效果文字主要是配合画面出现的人物介绍，电子相册中配合图片的文字注释，以及最近非常流行的综艺节目的人物旁白等，通常以艺术字和剪贴画形式出现。字幕文字主要是与配音同步出现的字幕，通常在画面底部中间位置，还包括影片结束后的滚动字幕等。

这里以制作字幕为例。首先进入“图形”工作区，在工具栏上单击“文字”工具按钮，在“监视器”上单击，添加一行文字。如果出现的全是方框，很可能是字体的问题，可在工作区右侧“基本图形”面板的“文本”选项卡中选择字体，然后拖动下面的滑块调整文字大小。在“外观”选项卡中，设置“填充”为白色或需要的字体颜色，将“描边”选项选中，选择黑色，右侧的数字是指描边线条的宽度，这里先设置为“4.0”，也可以根据需要调整，如图8-18所示。

文本设置完成后，调整文字位置。选择“垂直居中”，使文字在画面的中心位置，然后拖动调整其上下位置，使其位于底部区域，但一定不要紧贴底部，要留有一定空间（可以显示出安全框），如图8-19所示，这样一方面为了美观，另一方面可防止播放时被播放器裁切掉。

图 8-18

图 8-19

文字设置完成后，在“时间线”上用剪辑工具调整其片段长度，使之与配音片段同步。复制该片段（注意复制时只保留该轨道的“目标轨道”按钮，或者按住【Alt】键直接拖动复制），将“时间线”上的“播放指示器”调整至第二句话起始位置，粘贴。然后做三项工作，一是修改文字内容，二是将其垂直居中（一定不要调整上下位置，否则与刚才文字片段会产生画面跳跃），三是修剪片段长度。

8.2 街舞培训班宣传片

这类影片的制作有点类似于MTV和综艺片等，由于拍摄时机有限，所以拍摄前要对拍摄进行很好的规划，拍摄时从不同角度、不同景别、不同方位同步进行，拍摄量也比较大。

8.2.1 拍摄准备

由于拍摄需要组织老师和学生，而且拍摄过程几乎要一气呵成，不能随意中断，所以前期拍摄就显得尤为重要。拍摄需要全景到特写各个景别，需要的拍摄设备比较多，可以把摄像机、单反相机、GoPro甚至手机等各种设备调动起来，拍到了才是硬道理。针对本例，初步安排同一段舞曲录制2~3遍。

第一遍录制全景，至少3台设备。单反相机装广角镜头，架在三脚架上，摆放在正前方录制全景，注意画面左右要留有空间，因为舞蹈会左右移动，要防止人员出画；GoPro可以从斜上方俯视拍摄，或在正前方45度仰视拍摄，获取不同的视角；摄像机可以装在三脚架上，也可以手持，因为其自身防抖效果还是不错的，而且拍摄过程中，可以使用变焦拍一些推拉摇移效果、景别变换等。一定要注意拍摄人员不要随意走动，不能走进其他设备的画面中而导致镜头穿帮。特别注意GoPro的镜头视野特别广，拍摄前一定要设计好走位，尽量少动或不动。录制时注意提前把固定设备开机。

第二遍录制特写，主要使用GoPro设备。使用时在GoPro上加稳定器，由于其不能变焦，需要靠拍摄人员走位来完成，通过靠近、远离，移动、旋转等实现各种动态效果。由于加装了稳定器，而且有较高的帧率，拍摄动作幅度可以大一些，动作变换速度可以快一些。有一定经验的还可以配合音乐节奏来晃动，拍特写时提醒被摄者注意表情，这样后期剪辑时，配合音乐会有很好的效果。需要注意的仍然是在不同角度拍摄时，不要有不相干人员和设备入镜，拍摄过程以特写和近景为主，设备可以适当提前和延后开关机，这样可能会摄录到很多好玩的花絮。

两遍拍摄完成后，人员可以休息调整，拍摄者可以仔细检查一下各设备拍摄内容。因为组织一次拍摄非常不容易，人员、服装、道具、编排等需要做很多工作。检查时重点检查有没有穿帮镜头，拍摄是否完整，特写镜头是不是每个人都拍到了，效果怎么样，等等。如果有瑕疵就要及时补拍，假如等后期制作时再发现问题，那可真是“巧妇难为无米之炊”了。

图8-20所示为部分拍摄过程和技巧。

图 8-20

8.2.2 项目脚本

拍摄脚本如表8-3所示。这里把最后一栏设计成拍摄，主要是为了突出拍摄方式，使摄录人员在前期就能按照统一的思想去完成拍摄工作。

表 8-3

<table>
<tr><th>场 景</th><th>内 容</th><th>镜 头</th><th>拍 摄</th></tr>
<tr><td>场景 1</td><td>街舞培训班墙壁 Logo（通过 Logo 显示名称）</td><td>静止画面</td><td>单反照片</td></tr>
<tr><td>场景 2</td><td>街舞老师 solo（展示技巧，吸引注意）</td><td>全景</td><td>摄像机低机位拍摄</td></tr>
<tr><td>场景 3</td><td>街舞培训班外部（展示培训班位置信息）</td><td>全景</td><td>航拍和 GoPro 广角</td></tr>
<tr><td>场景 4</td><td>学生走进门口和老师打招呼（快慢交替变速）</td><td>全景 — 中景</td><td>GoPro 配稳定器跟拍，在学生后面，从外面一直走进门，最后定位在前台老师中景 3 秒</td></tr>
<tr><td>场景 5</td><td>学生背景墙摆 pose （人物特写慢速）</td><td>特写</td><td>人物靠背景墙摆好 pose，摄像机逐个人物拍摄</td></tr>
<tr><td>场景 6</td><td rowspan="2">舞曲 1 集体舞蹈（两遍拍摄；第一遍拍摄全景，注意人物不能出框；第二遍拍摄特写，注意不能有摄录设备穿帮）</td><td>正前方全景</td><td>拍摄第一遍：单反三脚架用广角镜头正前方，GoPro 安装在门框上拍摄斜上方 45 度</td></tr>
<tr><td>场景 7</td><td>运动特写</td><td>拍摄第二遍：GoPro 配手持稳定器，跟随音乐节拍，对每一个学生拍摄推拉摇移近景和特写，特写至少 3 秒</td></tr>
<tr><td>场景 8</td><td>老师和学生每一个人的 solo</td><td>运动全景和特写</td><td>两首集体舞蹈全部结束后，单独房间逐个拍摄完成，使用摄像机和 GoPro</td></tr>
</table>

（续表）

场 景	内 容	镜 头	拍 摄
场景 9	舞曲 2 集体舞蹈（两遍拍摄；第一遍拍摄全景，注意人物不能出框；第二遍拍摄特写，注意不能有摄录设备穿帮）	正前方广角，斜上方 45 度广角，前 45 度广角	拍摄第一遍：单反三脚架用广角镜头正前方，摄像机前 45 度，GoPro 安装在门框上拍摄斜上方 45 度
场景 10		后期制作抽帧效果	使用之前镜头
场景 11		学员脚部特写—近景—头部特写	拍摄第二遍：GoPro 配手持稳定器，跟随音乐节拍，对每一个学生拍摄推拉摇移近景和特写，特写至少 3 秒
场景 12	学生 solo 和 pose（制作抽帧动画）	特写	使用之前镜头
场景 13	街舞培训班墙壁 Logo（从特写拉出全景）	特写 — 全景	摄像机变焦拍摄，从特写拉出全景，使用三脚架，变焦速度要慢、要稳
场景 14	花絮和字幕（视频左侧放花絮小画面，右侧放培训班宣传滚动字幕）		使用花絮镜头

8.2.3 新建资源库

本例制作过程使用FCPX完成，以复习书中学习的知识，熟悉实战流程，并补充学习一些技巧。

首先，新建一个资源库，单击“文件”>“新建”>“资源库”，命名为“街舞宣传”，在“资源库浏览器”中会生成一个以当天日期名称命名的“事件”。在事件名称上单击，并将其修改成“街舞制作”，便于后续管理，如图8-21所示。

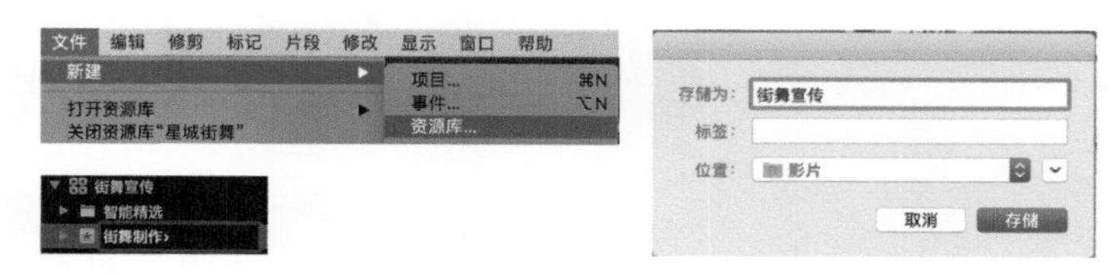

图 8-21

8.2.4 导入媒体

单击工作区左上方“导入”按钮，或者单击“文件”>“导入”>“媒体”，打开“媒体导入”界面，如图8-22所示。按照之前介绍的方法，在左侧边栏中选择设备，中部选择媒体素材，右侧边注意勾选“查找人物”>“在分析后创建智能精选”，完成后，单击“导入所选项”按钮。

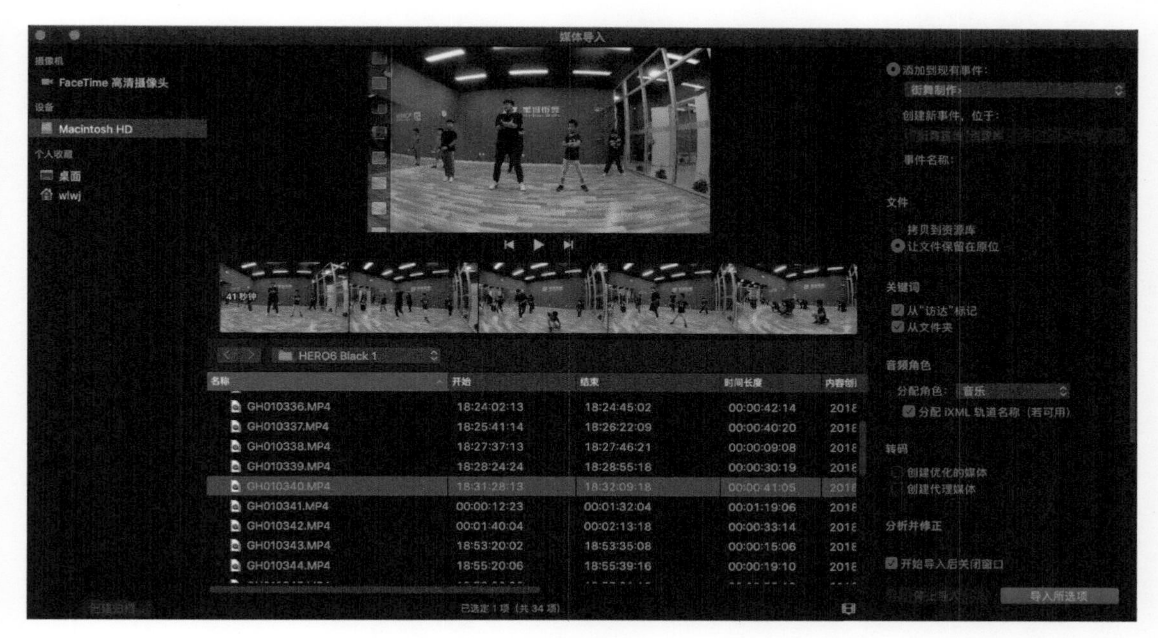

图 8-22

8.2.5 整理媒体

媒体导入后会自动生成一个“智能精选”，里面包括“个人收藏”“仅音频”“静止图像”“所有视频”“项目”等，由于之前勾选了人物分析，软件会自动生成“人物”文件夹，里面包括“单人”“宽镜头”“两人”“群组”“特写镜头”“中景”等，如图8-23所示，特别适合这类人物镜头比较集中的视频剪辑。当然软件自动生成的不一定全部准确，也可以手动“新建关键词精选”或“新建智能精选”，对其进行整理。

导入后，在“资源库浏览器”中导入的视频片段会有一些彩色的线条，如图8-24所示。在这些线条中，每一种都代表不同的意思，便于操作人员对媒体片段的管理使用。

图 8-23

图 8-24

绿色线条表示该片段已经被选入“收藏”，单击菜单“标记”>“个人收藏”（快捷键【F】）完成设置。

蓝色线条表示该片段已经设置了“关键词”，在“新建关键词精选”或左上方的“关键词编辑器”中完成。

紫色线条表示该部分为软件分析的“智能精选”项目，比如之前提到的“宽镜头”等，是软件在导入分析时自动完成的，有色条的段落即为在分析中有成功标注的段落。

橙色线条表示在“时间线”中使用的片段，标记的段落即为使用的部分。

红色线条（与绿色线条在同一位置，两者不会同时出现）表示该片段是被拒绝的、不想使用的，单击菜单“标记”>“拒绝”（快捷键【Delete】）完成设置。

如果想删除“收藏”或“拒绝”，单击菜单“标记”>“取消评级”完成设置。

技巧放送

有标记线的部分代表的是使用的部分，所以不一定是连续的，如果想激活该范围，只需在标记线条上单击，即可出现黄色范围选择框。如果希望选择多个可以按住【Command】键，单击多个标记线，如图8-25所示。

这里可能有读者会问，如何在一个片段上选择多段范围，简单介绍一下。操作时第一个范围使用快捷键【I】/【O】完成，之后的范围都可以使用快捷键【Command】+【Shift】+【I】和【Command】+【Shift】+【O】完成，这样将范围拖动到“时间线”时，会同时将多个片段范围导入“时间线”。

如果想删除片段上的范围，选择该片段，单击菜单“标记”>“清除所选范围”（快捷键【Option】+【X】）即可。

图8-25

8.2.6 新建项目

新建“项目”，单击“文件”>“新建”>“项目”进行创建，选择“使用自定设置”，然后单击“好”按钮，如图8-26所示。

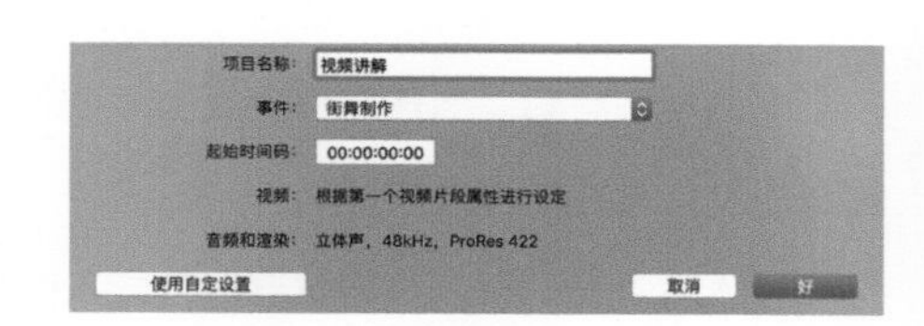

图8-26

8.2.7 排列故事板

将视频片段按照脚本拖动到“时间线”上。导入时只需要视频片段，单击“覆盖”工具右侧的下向箭头，选择“仅视频”命令（快捷键【Shift】+【2】），如图8-27所示。这时旁边的“连接”“插入”“追加”“覆盖”等按钮全部变成带小人的图标，非常人性化。然后，在片段上选取导入范围，拖动到“时间线”上。

图 8-27

场景所对应的镜头画面如表 8-4所示。每个场景的画面可能会对应多个，这里主要用来说明展示。

表 8-4

场 景	画 面	场 景	画 面
场景 1	星城街舞 StarTown Studio	场景 2	
场景 3		场景 4	
场景 5		场景 6	
场景 7		场景 8	
场景 9		场景 10	MVI_155... MVI_155... MVI_155... MVI_155...
场景 11		场景 12	GH01... GH01... GH01... GH01...

（续表）

场 景	画 面	场 景	画 面
场景 13		场景 14	

8.2.8 添加音频

导入音频素材。实际上不一定要与舞蹈现场录制时使用的音乐一样，只要节奏一致，各种音乐都是可以的，有时甚至可以调整视频播放速度来适应不同的音乐，在综艺节目中经常会看到这样的情况。一定要注意节奏，只要把舞步踏到点上，基本就成功了。

8.2.9 精细剪辑

剪辑时先要有一个全局观。按照之前拟制的脚本，本段视频主要有两段舞蹈动作，主要编排两段乐曲，每段乐曲都使用全景和solo特写的方式，避免视频画面单一。所以整体上的规划是片头、乐曲一（全景加特写）、过渡、乐曲二（全景加特写）、片尾等5个段落，总时长控制在4~5分钟。经过整体规划，无论视频片段选择还是音频片段组接，心中都能够有一个全局观。

如图8-28所示，这里处理一下音乐。数字①~⑤分别对应着刚才介绍的5个段落，不同音频片段导入至同一“时间线”，最基本的是调整音量大小，使之保持一致。单击“窗口”>“在工作区中显示”>“音频指示器”，如图8-29所示，将其显示出来。调整音频片段上的白色音量线，上大下小，也可以在“音频检查器”面板中的“音量”选项卡中调整。另外就是需要拖动音频片段上的控制手柄，制作淡入淡出效果。

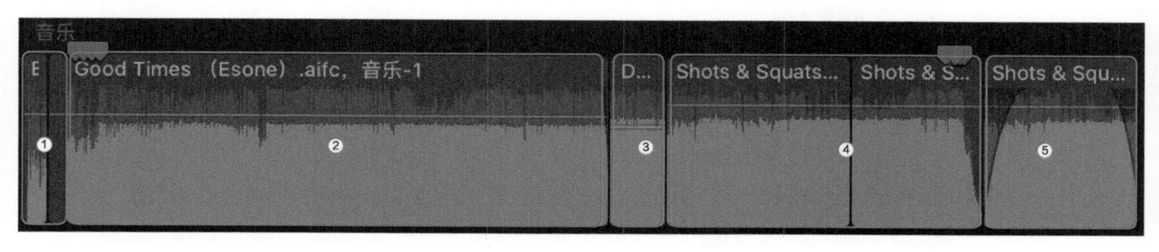

图 8-28

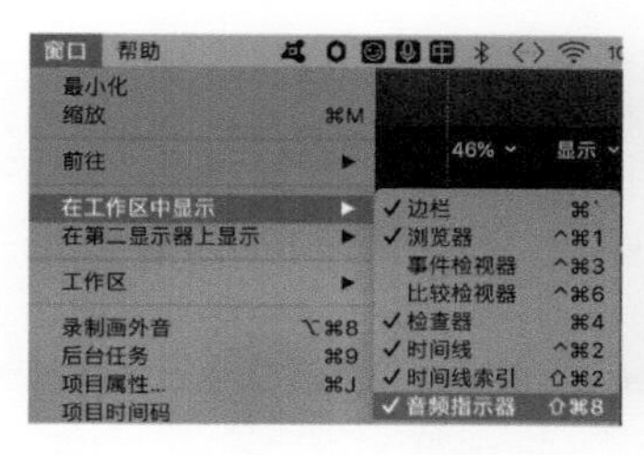

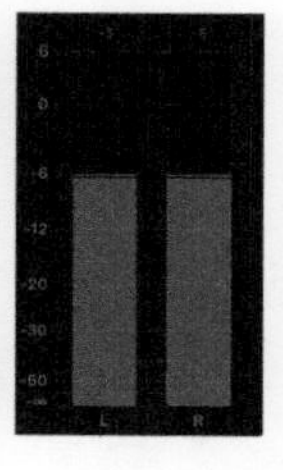

图 8-29

再补充几个剪辑中常用到的技巧，如图8-30所示。一个是可以打开时间线“索引”面板，单击“角色”按钮，然后单击“显示音频通道条”按钮，使之按角色分轨，这样外观更为规整。另一个是对连接线的操作，当需要挪动视频片段而不希望挪动其连接的音频片段位置时，可以选择音频片段，按住快捷键【Command】+【Option】，在相邻视频片段上单击，即可改变连接线位置；也可以按住【`】键，软件会忽略连接线的关联性。还有一个是当使用【Delete】键删除一个视频片段时，后面的片段会自动连接上来，而如果使用快捷键【fn】+【Delete】删除，就会以空隙来填补，不会自动连接。

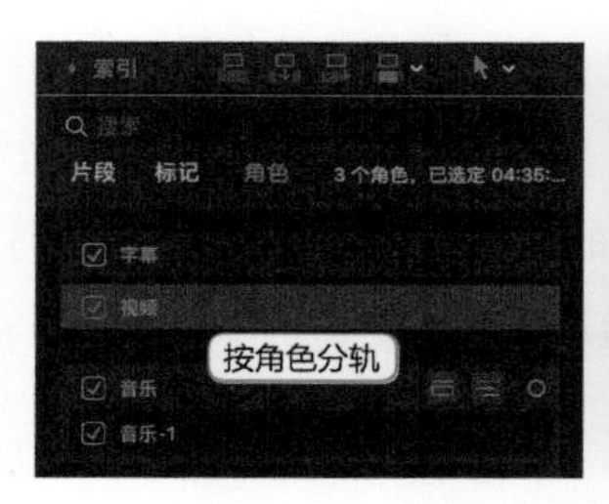

图 8-30

8.2.10 效果设计

● 变速效果

首先，在“时间线”上选择一个视频片段，单击“检视器”下方的“片段重新定时”按钮，如图8-31所示，选择“显示重新定时编辑器”（快捷键【Command】+【R】），这时会显示一个绿色条“常速（100%）”；然后将“播放指示器”调整至需要变速的位置（注意如果只做快进效果，需要多预留一些片段），继续单击“片段重新定时”按钮，在弹出的菜单中选择“切割速度”（快捷键【Shift】+【B】），这样绿色速度条会切割成两段，只要拖动其一端即可实现变速调整，也可单击速度条上的下拉菜单，直接选择变速参数。需要注意的是“切割速度”后通常会自带“速度转场”，虽然使速度变化更加平滑了，但如果并不是想要的直接跳转的效果，可以再次单击“片段重新定时”按钮，取消勾选“速度转场”选项。

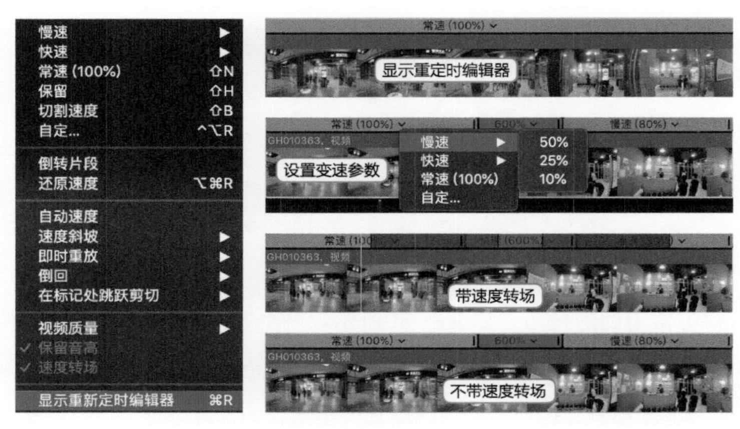

图 8-31

● 抽帧效果

抽帧效果，就是将一个视频片段间隔一定帧数，抽出一个静帧画面，重新组合，配合有节奏的音乐，形成跳跃画面。制作方法有很多种，这里首先选择一个时长较长的片段，拖动到"时间线"上（只保留视频），放在上层呈连接状态；将"播放指示器"移动到片段开始位置，使用快捷键【Option】+【F】制作静帧。移动"播放指示器"或通过键盘输入时长（如【+300】，代表向右移动3秒），继续使用快捷键【Option】+【F】创建静帧，直至片段结尾处。整个片段创建完成后，使用【Delete】键将静帧之间的视频画面删掉，静帧画面自动连接在一起。全部选定，单击鼠标右键，单击"更改时间长度"命令，这时在"视频检视器"下部显示时间设置，在键盘上输入【5】（代表每个静帧长度5帧），确认。制作过程如图8-32所示。

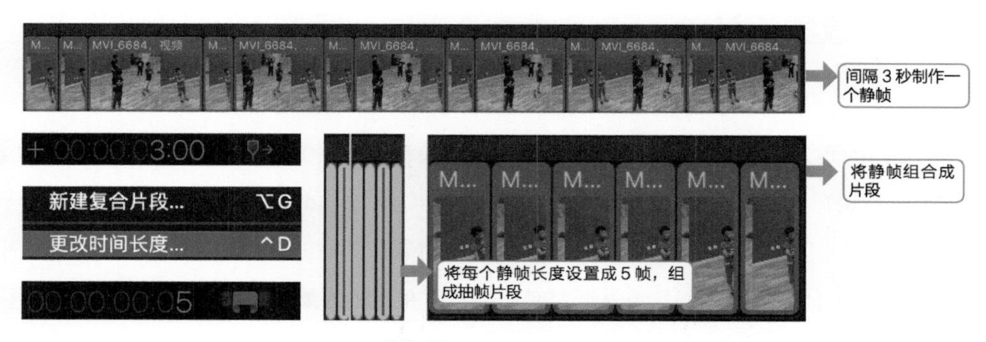

图 8-32

刚才使用到了时间码的知识，这里再补充一下。每个片段和"时间线"都有自己的时间码，在"检视器"底部显示，由3个冒号隔开4段数字，分别代表时、分、秒、帧。帧是按照设置的帧速率进位的，比如25帧格式，就是每25帧进位1秒。关于时间码类别不展开介绍，容易混乱，只介绍一下“时间线”时间码操作，如图8-33所示。

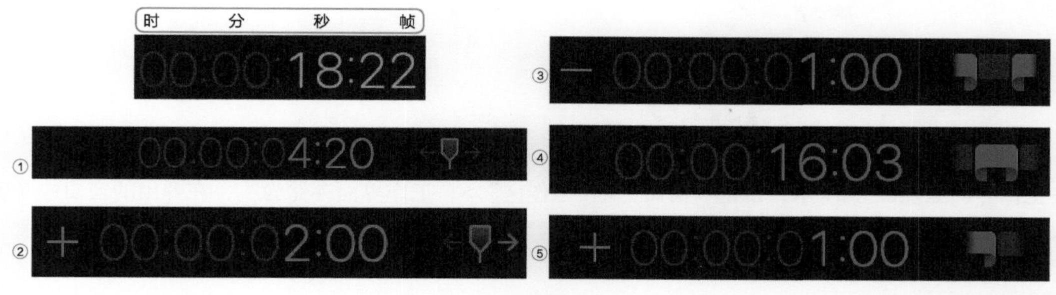

图 8-33

①在“时间线”上定位，单击“检视器”底部时间码，变成蓝色数字，直接输入定位时间码（不需要冒号等符号，数字自动提位，比如4秒20帧直接输入【420】即可），按【Return】键确认后，“播放指示器”会自动跳转到该位置。

②精确移动“播放指示器”，直接输入【+】/【-】和数字即可。

③精确移动片段，选择“时间线”片段后，输入【+】/【-】和数字，即可将该片段位置精确调整。

④精确调整片段长度，使用鼠标右键单击片段，选择“更改时间长度”，输入新的片段长度数字，确认。

⑤通过片段边缘调整长度，单击选择片段头部、尾部边界或两个片段之间的连接处，使之高亮显示，然后输入【+】/【-】和数字，则会精确移动片段边界位置，也就是移动片段长度。

注意观察每一种情况对应的时间码图标都是不一样的，通过图标也可以非常直观地看出是什么意思。

8.2.11 色彩调整

由于本例的视频片段是由不同设备拍摄完成的，所以需要适当进行色彩调整。入门读者不用担心，可以尽量将同一设备的视频片段连接在一起，不同设备片段之间增加一个转场，基本上可以满足一般使用要求。简单介绍一下在FCPX中使用色彩调整的方法。

在菜单中单击“窗口”>“工作区”>“颜色与效果”（快捷键【Control】+【Shift】+【2】），将工作界面设置成调色状态，如图8-34所示。

单击“窗口”>“在工作区显示”>“比较检视器”（快捷键【Control】+【Command】+【6】），设置对比窗口，拖动调整“检视器”窗口大小，如图8-35所示。

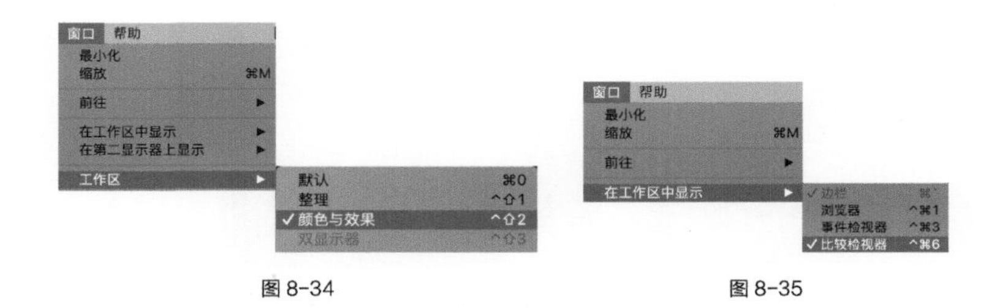

图 8-34　　　　图 8-35

工作界面如图8-36所示，单击“窗口”>“工作区”>“工作界面存储为”，在弹出的窗口中命名为“色彩调整对比”，确认保存，便于以后使用。

图 8-36

接下来，在左侧的“比较检视器”面板中，单击“已存储”选项卡，单击“存储帧”按钮，制作一个静帧画面用于色彩对比，如图8-37所示。

在右侧的“颜色检查器”面板中添加需要的“颜色板”“色轮”“颜色曲线”或“色相/饱和度曲线”，并进行调色操作，如图8-38所示。

图 8-37

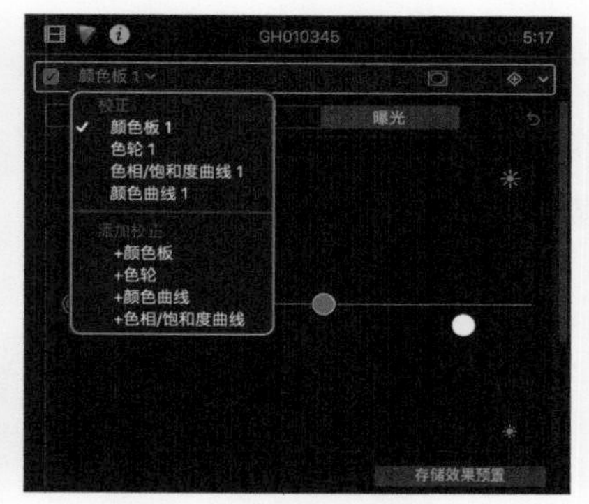

图 8-38

在将片段调色完成后，其他同设备拍摄的视频片段无须逐一操作，只需将该片段上的效果复制过来即可。操作时首先选择调色完成的片段，单击“编辑”>“拷贝”（快捷键【Command】+【C】），选择其他同类片段，单击“编辑”>“粘贴属性”（快捷键【Shift】+【Command】+【V】），在弹出的窗口中，勾选调色相关效果，如图8-39所示，单击“粘贴”按钮即可。

至此完整地介绍了使用FCPX调色的操作流程，中间具体的调色步骤没有展开，读者可以参考5.3节介绍的方法，学习实践。

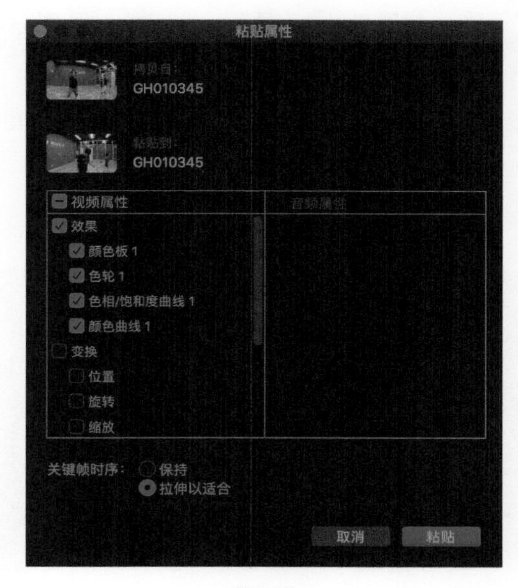

图 8-39

8.2.12 转场过渡

基本转场操作可以参考5.1.2节完成。本例中使用了第三方转场插件，主要是能快速实现那种“动态模糊加闪烁”的酷炫效果，如图8-40所示。

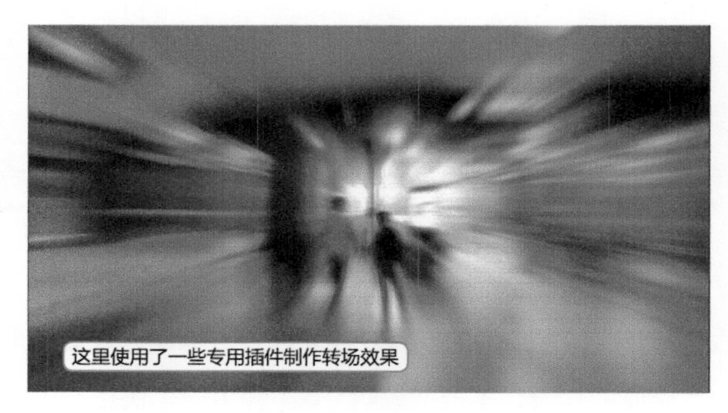

图 8-40

8.2.13 添加字幕

本例中的字幕主要是在最后以滚动字幕的形式出现，具体操作如下。

①展开“字幕和发生器”面板，找到“制作人员”>“滚动”，如图8-41所示，拖动到“时间线”最后端。

②在右上方展开“文本检查器”面板，设置文字内容和参数，如图8-42所示。

③在“时间线”面板上调整字幕片段长度，调整其出现和消失位置。

④在“检视器”中拖动调整字幕在画面中的位置。

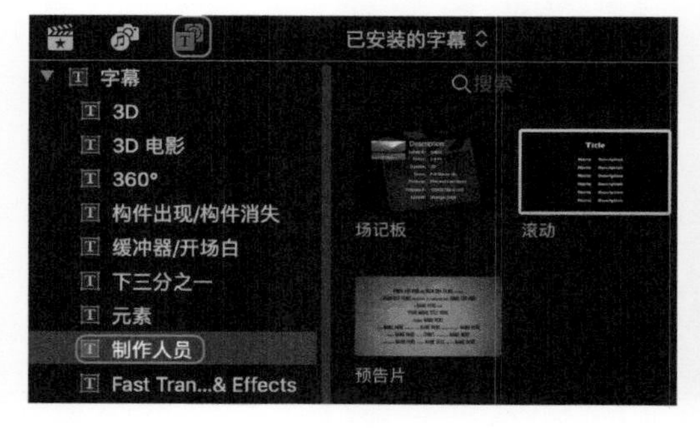

图 8-41

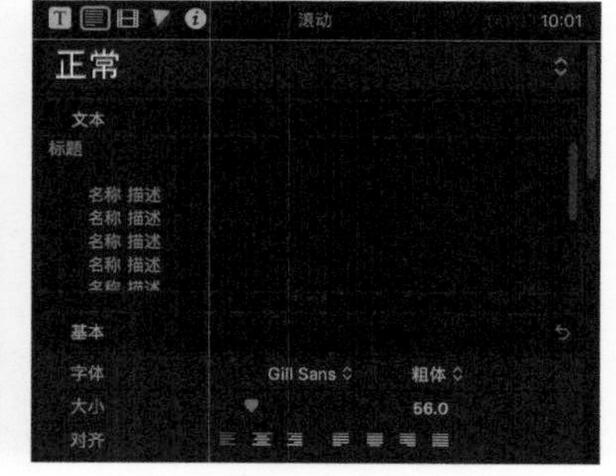

图 8-42

本例制作了一个小窗口播放效果，在滚动字幕的同时，播放拍摄的花絮，避免枯燥的文字滚动。制作方法介绍如下。

①首先将一系列花絮视频导入时间线，通过剪辑工具调整排列好。

②选择其中一个视频片段，使用右上方的“视频检查器”面板或直接在“检视器”的“变换”窗口中，通过拖动手柄调整视频片段的大小和位置，如图8-43所示。

③使用复制属性的方法，在调整完毕的片段上使用快捷键【Command】+【C】复制，在其他视频片段上使用快捷键【Shift】+【Command】+【V】粘贴属性，在弹出的窗口中勾选“位置”和“缩放”属性，单击“粘贴”按钮完成。

图 8-43

本例完成后的“时间线”面板如图8-44所示。

图 8-44

8.3 游乐园宣传片

普通消费者出门旅游，去的地方可能是从未去过的，不可能提前把脚本都拟写周全，而多数是拍摄回来之后再整理。遇到这类问题时，如何制作影片，本节提供一个参考。

8.3.1 制作准备

由于是外出旅游，当然要以游玩为主，所以设备不要太多而变成负担。就笔者个人而言出门习惯带微单配变焦镜头，可以兼顾摄影与摄像，另外带一套GoPro，可以随手拍摄。在旅行乘车途中，可以简单思考一下目的地拍摄方案，在查攻略时，也一并将拍摄方案考虑进去。每一个镜头都要体现拍摄的目的，人就是人，景就是景。摄像不用像照相那样需要摆好pose再拍，但要注意适当转换拍摄角度，变焦速度要匀速缓慢。最重要的一点是拍摄时一定要稳，不能随意晃动，画面至少要拍摄3秒以上，这样才能便于后期制作。总之，别在回来看视频时有太多遗憾。

8.3.2 项目脚本

游玩时拍摄了大量的素材，可以从多个角度进行整理。比如，如果希望作为旅游纪念，可以以家人游玩视频、图像等为主线，按照不同人物，不同活动或时间顺序进行整理分类，游乐园景色等作为配角，穿插其中。如果希望制作旅行攻略分享，就要以景点、设施打卡为主线，记录行程和感受。本例以游乐园宣传推广为主线，通过分析素材，整理为主题建筑、游乐设施、花车巡游、演艺表演等部分，全面展示游乐园的欢乐场景，形成脚本如表 8-5所示。

表 8-5

场景	脚本	备注
场景 1	街景特写，引出 Logo	转动的风车可爱有趣，可作为引子，花车巡游的最前方 Logo 引人注目，可作为标题呈现
场景 2	游乐园组合镜头（视频和照片推拉摇移效果）	由于游玩时间短暂，很多是拍摄的照片，但是要在视频中通过缩放、移动变成动态效果
场景 3	游乐园名称，影片标题	游乐园入口大门全景照片作为背景
场景 4	第一章节 主题建筑（标题：这里有风格鲜明的主题建筑）	游乐园内有很多主题建筑，特色鲜明，可以归为一类

（续表）

场 景	脚 本	备 注
场景 5	第二章节 游乐设施（标题：这里有疯狂刺激的游乐项目）	游乐设施当然是游乐园的重点
场景 6	第三章节 花车巡游（标题：这里有热闹非凡的花车巡游）	花车既要展现全景，还要有人物的特写
场景 7	第四章节 演艺表演（标题：这里有精彩绝伦的演艺表演）	每一个游乐园都有相应的表演，该游乐园是以大型表演为特色的，所以要把表演展现好
场景 8	结尾：夜晚焰火表演	焰火表演拍摄比较有难度，作为落幕点缀即可
场景 9	标题字幕：快来 XXXX 吧 相册字幕：这里有你最快乐、最难忘的美好时光	结尾用文字、图片，以及和开篇同样的大门照片呼应

8.3.3 新建项目

本例使用DaVinci制作完成，主要用来复习前面章节学习的内容，同时让读者完整感受一下制作流程。

打开DaVinci软件，在弹出的“项目管理器”窗口中，单击“新建项目”按钮，或者在菜单中选择“文件”>“新建项目”。设置项目名称，单击“创建”按钮，如图8-45所示。

对新建项目进行设置，单击“文件”>“项目设置”窗口，在弹出的窗口栏中单击“主设置”选项卡，将“时间线分辨率”调整为高清格式“1920×1080 HD”，将“时间线帧率”和“回放帧率”都调整为“25帧/秒”，视频格式选择“HD 1080p 25”，如图8-46所示。项目设置工作一定要在将媒体片段拖动到“时间线”之前完成，否则“时间线帧率”选项就无法修改了。

图 8-45

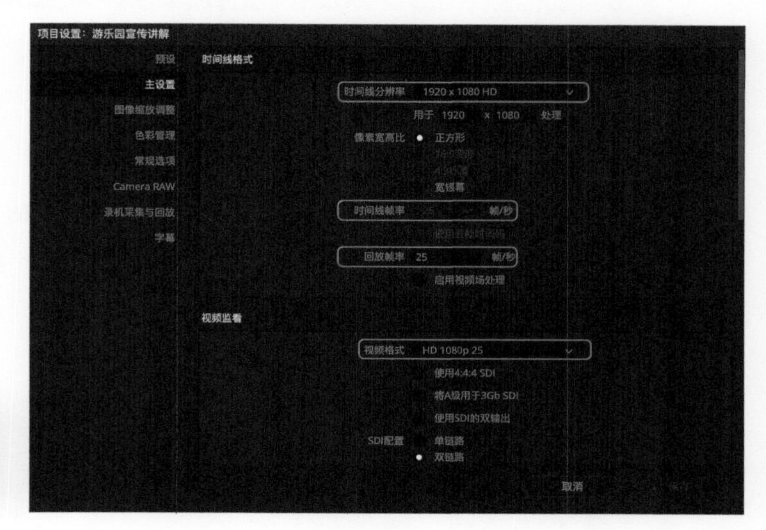

图 8-46

8.3.4 导入素材

单击进入“媒体”工作区，打开“媒体存储”面板，在左侧文件夹边栏中找到视频所在的文件夹（注意，请顺手将其拖动到下面的“收藏”栏中，以便于后续查找）。在旁边的媒体缩略图中选择需要的，拖动到下部的“媒体池”面板中，即可完成导入工作，如图8-47所示。如果部分媒体素材较长，可以先在“源监视器”中设置“入点”和“出点”后，再导入至媒体池中。

图 8-47

8.3.5 媒体整理

素材导入后，在“媒体池”中进行整理。在“媒体池”左下角的“智能媒体夹”面板中单击鼠标右键，在弹出的菜单中选择“添加智能媒体夹”命令。这里以添加一个视频整理媒体夹为例，通常所说视频包括纯视频片段和带有伴音的视频片段，整理时，匹配条件选择“任一”，属性包括“视频”和“视频+音频”，参数设置如图8-48所示。

类似地，继续创建“音频”“图片”（“静帧”）和“时间线”等智能媒体夹。当然也可以在“媒体池”中以手动创建文件夹的形式进行整理。

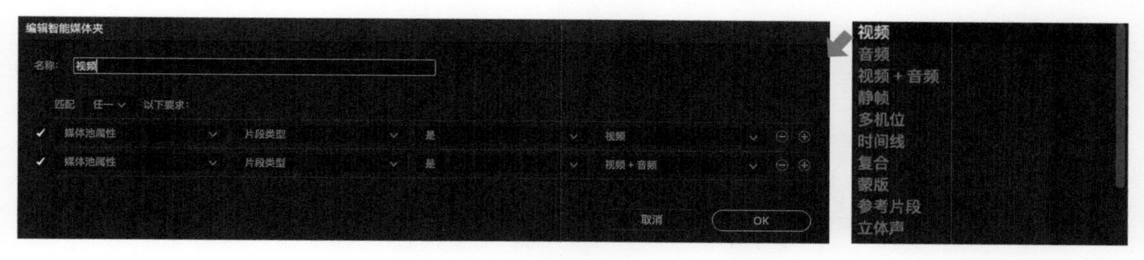

图 8-48

8.3.6 新建时间线

创建“时间线”方法有多种，这里使用视频片段创建的方式。首先进入“剪辑”工作区，在“媒体池”中，选择一个视频片段，并在其上单击鼠标右键，在弹出的菜单中选择“使用所选片段创建时间线”命令，如图8-49所示；在弹出的窗口中修改时间线名称，其他选项默认，如图8-50所示。

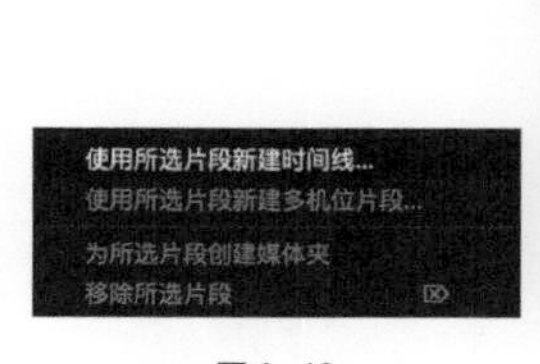

图 8-49

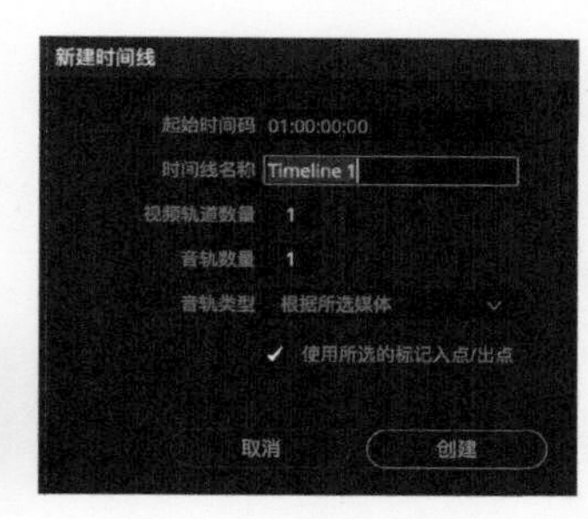

图 8-50

8.3.7 排列故事板

选择自己最得意、最希望留作纪念的素材，按照脚本分类排列到“时间线”上。

这里主要采用拖动的方法。首先双击“媒体池”中片段，使其在“源检视器”中显示出来，播放浏览并设置“入点”和“出点”（图片素材无须设置）。把鼠标放置在“源检视器”上，这时底部会出现“视频”“音频”图标，如图8-51所示，这里只需按住“视频”按钮并拖动至“时间线”即可。

图 8-51

除上述操作之外，当拖动"源检视器"上的视频至"时间线检视器"面板上时，右侧会出现更多高级功能按钮，如图8-51所示，除了之前介绍的"插入""覆盖""替换"，还增加了"适配填充""叠加""附加到尾部""波纹覆盖"等按钮。操作时，不要松开刚才的拖动操作，继续将其拖放至相应的按钮即可。这里不再赘述，读者可以自己尝试一下。

对应脚本排列镜头画面如表 8-6所示。

表 8-6

场 景	画 面	场 景	画 面
场景 1		场景 2	
场景 3	 发现王国 发现精彩	场景 4	 这里有风格鲜明的主题建筑
场景 5	 这里有疯狂刺激的游乐项目	场景 6	 这里有热闹非凡的花车巡游
场景 7	 这里有精彩绝伦的演艺表演	场景 8	
场景 9	 快来发现王国吧 这里有你最快乐、 最难忘的美好时光		

8.3.8 添加音频

选取一段非常欢快的音乐作为背景音乐，添加到“时间线”，同样需要对音频进行剪辑组接。根据刚才添加的故事板，这里的音乐控制在3分钟以内就足够了，通常音乐片段剪辑时头尾部需要保留，减掉中间重复部分。

操作时，可以单击“时间线显示选项”按钮，将“音频波形”按钮选中，在“轨道高度”中，将音频滑块调整至最右端，这样音频片段垂直方向显示最高，如图8-52所示。播放浏览，同时使用【M】键进行标注，在“时间线”上使用“刀片”工具将重复段落切割，并重新组接，完成粗剪。

图 8-52

技巧放送

切割时选择“时间线”片段，将“播放指示器”拖动至该片段的切割位置，使用快捷键【Ctrl】(Mac【Command】)+【B】或【Ctrl】(Mac【Command】)+【\】即可快速完成。

8.3.9 精细剪辑

使用剪辑工具，使视频片段与音频节奏相匹配。剪辑不一定一遍就要剪好，比如第一遍发现音频片段还是有点长，而且连接处有卡顿，则需要对音频片段再进一步精修。这里介绍一种使用时间码精细调整的方法。

在轨道头部单击该轨道的“自动关联”按钮，同时使其他轨道的“自动关联”开关关闭（按住【Alt】键（Mac【Option】键）再单击。

将“播放指示器”移动至两个音频片段连接处，使用快捷键【Ctrl】（Mac【Command】）+【+】，水平放大。

选择"波纹剪辑"工具，单击前一段音频片段尾端，使其绿色高亮显示。在键盘上按【+】/【-】和数字（"检视器"上方的时间码表会变成输入的符号和数字），然后确认，就会在该片段尾部加上或减去相应的帧（输入的数字可以小一些，分多次输入，直至调整完美），如图8-53所示。

图 8-53

使用"波纹剪辑"工具和只保留某轨道的"自动关联"，是为了让剪辑后相邻片段自动连接到一起，而不产生空帧。

技巧放送

删除片段时，如果使用【Backspace】键（Mac【Delete】键）删除，其余片段位置保持不变；如果使用【Delete】键（Mac【Fn】+【Delete】键）波纹删除，该轨道或其他关联轨道的视频片段相应向前自动连接。

技巧放送

在剪辑时可能会遇到"时间线"片段在"媒体池"中查找，操作时只需按住【Alt】键（Mac【Option】键）并双击"时间线"视频片段，即可在"媒体池"中快速定位。还有更高级功能，选择"时间线"片段，将"播放指示器"移动至该片段处，使其在"时间线检视器"中显示出来，按【F】键，即可在"源检视器"中将其匹配到帧。

8.3.10 效果制作

● 图片动态效果

本例再介绍一个更加方便快捷的为图片制作动态效果的方法。

首先，在"时间线"上选择添加的图片片段，并将"播放指示器"移动至该位置，使其在"时间线检视器"中显示出来。

单击"时间线检视器"左下方的箭头，在弹出的菜单中选择"动态缩放"，监视器中会出现"绿色"和"红色"方框，如图8-54所示。绿色方框代表起始画面大小，红色方框代表结束画面大小，调整方框大小和位置，该段静止画面就变成了从绿色方框特写到红色方框全景的推拉摇移动态镜头。

图 8-54

单击关闭检视器“动态缩放”按钮。在时间线上调整“播放指示器”位置，使之从该片段头部开始播放，生成了图片由局部特写变为全景的动态画面，如图8-55所示。

图 8-55

如果需要进行反向操作，让画面从全景变为特写，只需在“检查器”面板中，找到“动态缩放”栏目，单击“交换”按钮，红色和绿色画框会相互交换，形成反向操作，如图8-56所示。

图 8-56

● 抽帧效果

在视频中可以制作一段抽帧效果，方法不尽相同，只要满足要求即可，下面介绍一种结合键盘快捷键的操作方法。

①将视频片段添加到新的轨道上，将"播放指示器"调整到该片段的头部。

②使用快捷键【Shift】+【→】，将"播放指示器"向右移动1秒，同时观察"时间线检视器"，如果画面可以，按快捷键【Ctrl】（Mac【Command】）+【\】进行切割，反复这两步操作（不一定每秒都要切割，主要看画面），直至片段全部切割完毕。

③只保留切割画面，将间隔画面波纹删除，保持切割画面选中状态（或使用"选择工具"全部框选），确保选择"波纹编辑"工具，并将轨道头的"自动关联"开关打开；然后使用快捷键【Ctrl】+【D】（菜单"片段">"更改片段时长"），在弹出的菜单中，设置为10帧，如图8-57所示。这样片段长度统一，而且都紧密连接在一起。

图 8-57

④此时还没有完成，需要将每一个片段都变成第一个画面的静帧。将"播放指示器"移动，或使用方向键【↑】/【↓】移动至每个片段的头部（确认该轨道的"自动关联"开关打开，吸附功能打开），按快捷键【Shift】+【R】（菜单"片段">"冻结帧"）将每个片段都变成静帧效果，这样就完成了该段视频跳帧效果的剪辑，如图8-58所示。

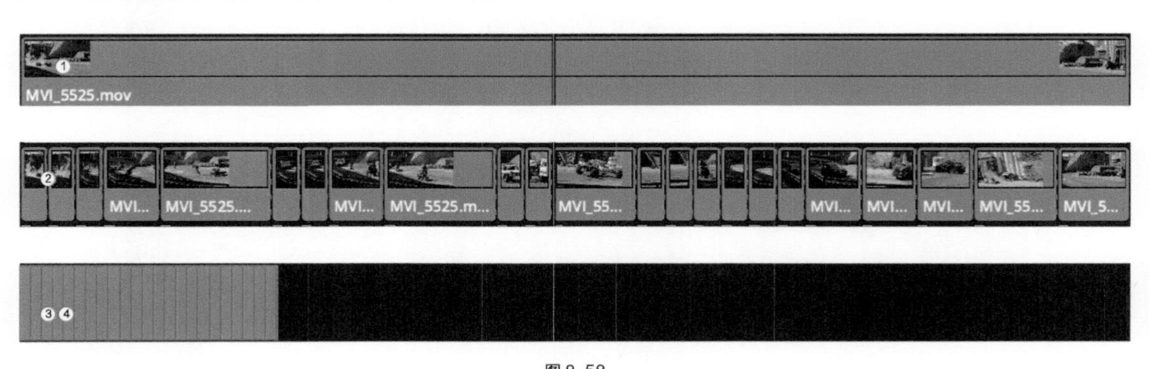

图 8-58

如果没有选择“波纹剪辑”工具或是没有打开“自动关联”开关，都会出现片段分离的尴尬情况，如图8-59所示。

图 8-59

8.3.11 转场过渡

添加转场效果，一种方法是在“特效库”中单击“视频转场”选项卡，选择一个转场效果，直接拖动到希望使用转场的地方，或单击鼠标右键，选择“添加到所选编辑点和片段”。另一种方法是选中添加转场的位置，使用快捷键【Ctrl】（Mac【Command】）+【T】，添加默认转场效果，如果要修改默认，在相应转场效果上单击鼠标右键，选择“设置为标准转场”命令即可，如图8-60所示。转场效果可以在“检查器”面板中修改相应的参数进行调整，如图8-61所示；也可双击该转场效果，打开转场曲线后直接进行调整，如图8-62所示。

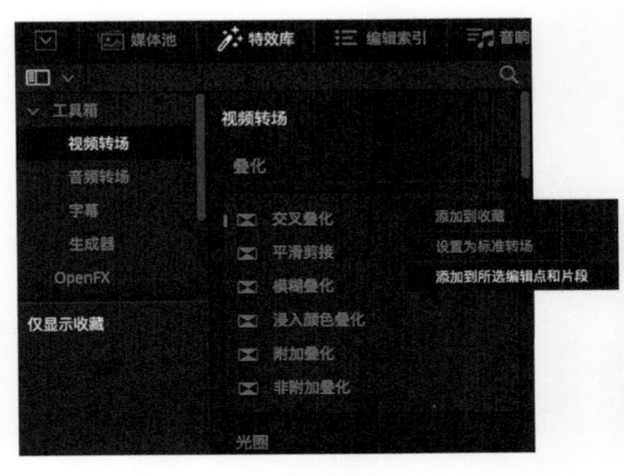

图 8-60

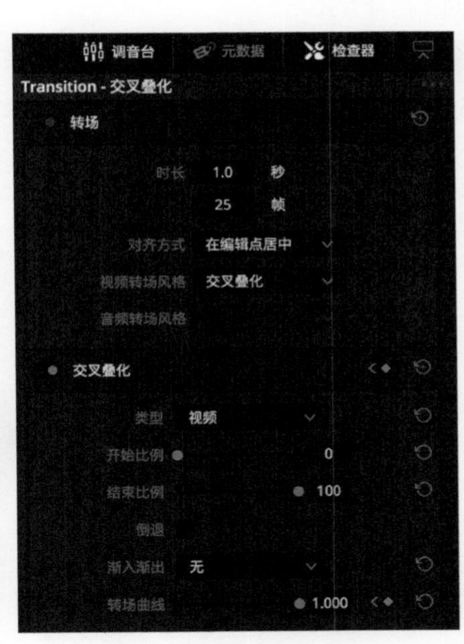

图 8-61

图 8-62

8.3.12 添加字幕

最后进行添加字幕操作。在DaVinci中，添加字幕的方式有很多种：一种是采用将文字效果直接拖动到视频轨道的方式，添加简单的标题文字等；一种是使用添加字幕轨道的方式，统一样式风格，快捷制作影片底部的字幕等；还有一种是添加Fusion字幕的方式，能够制作多种特效。对于入门读者，这里只介绍前两种方式。

第一种方式，在5.4.3节中已经进行过介绍。在“特效库”面板，选择“字幕”>“文本”，并拖动至轨道上。在“检查器”面板中修改相应的参数，将内容修改为“这里有风格鲜明的主题建筑”，颜色设置为金黄色，调整字体大小和文字间距，设置描边颜色为红色，调整描边大小，参数及效果如图8-63所示。

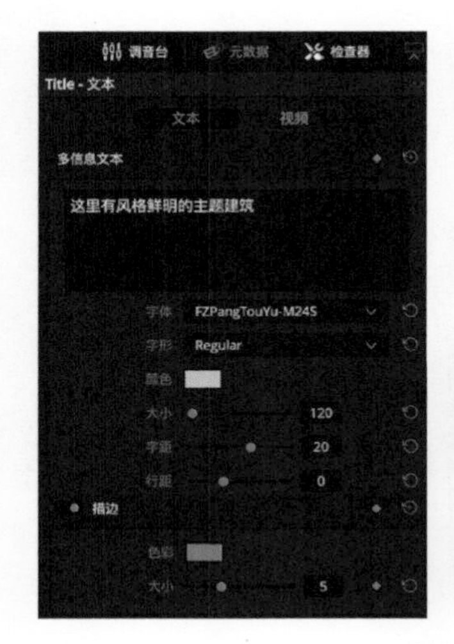

图 8-63

接下来调整文本片段在“时间线”上的长度，并且制作淡入淡出效果。这里介绍一个非常简单的制作淡入淡出的方法：将“播放指示器”调整至片段头部稍后一点距离，选择菜单中的“修剪”>“淡入至播放头”，用同样的方法，将“播放指示器”调整至片段尾部之前的一定距离，选择“修剪”>“淡出至播放头”。当然也可以放大时间线后，直接拖动片段两端的调整手柄进行拖动调整，如图8-64所示。

图 8-64

在其他需要的地方复制该文字片段，修改文字内容和片段长度。也可以拖动到媒体池中，形成文字模板，方便在其他地方拖动使用。

第二种方式主要是用来添加大量的影片字幕。首先单击“时间线显示选项”中的“字幕轨道”，然后在轨道头部单击鼠标右键，选择“添加字幕轨道”命令，这时会在视频轨道上方出现一个“ST1”字幕轨道。然后在该轨道上单击鼠标右键，选择“添加字幕”命令，这里添加了四个字幕。查看“检查器”面板可以看到，字幕全都罗列到面板中，编辑非常方便。确认“使用轨道风格”选项勾选，单击显示“轨道风格”面板，可以看到和“文字”面板类似的参数，在这里修改后，轨道上的字幕会自动同时调整，如图8-65所示。

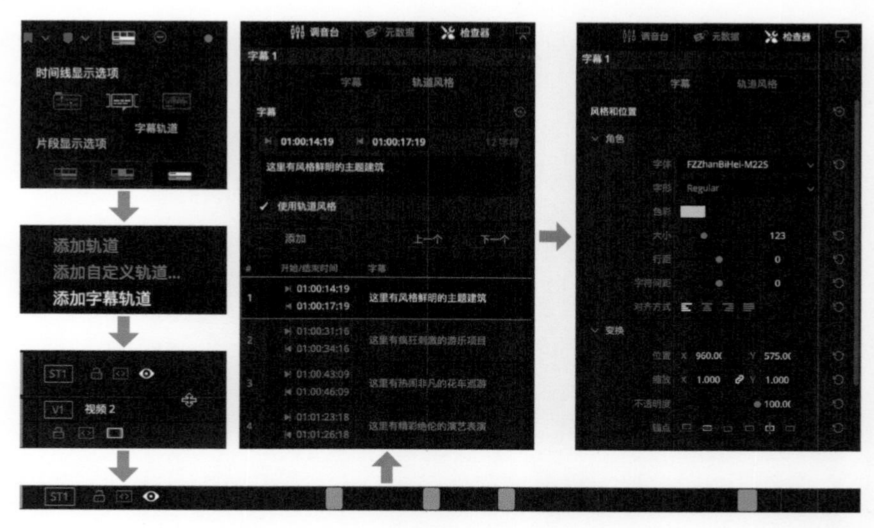

图 8-65

全部制作完成后的"时间线"如图8-66所示。

图 8-66